스테빈이 들려주는
유리수 이야기

김잔디·최미라 지음

NEW
수학자가 들려주는
수학 이야기
06

스테빈이 들려주는
유리수 이야기

|주|**자음과모음**

수학자라는 거인의 어깨 위에서 보다 멀리, 보다 넓게 바라보는 수학의 세계!

　수학 교과서는 대개 '결과'로서의 수학을 연역적으로 제시하는 경향이 강하기 때문에 학생들은 수학이 끊임없이 진화해 왔다고 생각하기 어렵습니다. 그렇지만 수학의 역사는 하나의 문제가 등장하고 그에 대해 많은 수학자가 고심하고 이를 해결하는 가운데 새로운 아이디어가 출현해 온 역동적인 과정입니다.

　〈NEW 수학자가 들려주는 수학 이야기〉는 수학 주제들의 발생 과정을 수학자들의 목소리를 통해 친근하게 이야기 형식으로 들려주기 때문에 학생들이 수학을 '과거 완료형'이 아닌 '현재 진행형'으로 인식하는 데 도움이 될 것입니다.

　학생들이 수학을 어려워하는 요인 중의 하나는 '추상성'이 강한 수학적 사고의 특성과 '구체성'을 선호하는 학생의 사고 사이에 존재하는 간극이며, 이런 간극을 줄이기 위해서 수학의 추상성을 희석시키고 수학 개념과 원리의 설명에 구체성을 부여하는 것이 필요합니다.

　〈NEW 수학자가 들려주는 수학 이야기〉는 수학 교과서의 내용을 생동감 있게 재구성함으로써 추상적인 수학을 구체성을 갖는 수학으로 변모시키고 있습니다. 또한 중간중간에 곁들여진 수학자들의 에피소드는 자칫 무료해지기 쉬운 수학 공부에 윤활유 역할을 해 줄 것입니다.

〈NEW 수학자가 들려주는 수학 이야기〉의 구성을 보면 우선 수학자의 업적을 개략적으로 소개하고, 6~9개의 강의를 통해 수학 내적 세계와 외적 세계, 교실 안과 밖을 넘나들며 수학 개념과 원리를 소개한 후 마지막으로 강의에서 다룬 내용을 정리합니다.

이런 책의 흐름을 따라 읽다 보면 각각의 도서가 다루고 있는 주제에 대한 전체적이고 통합적인 이해가 가능하도록 구성되어 있습니다. 〈NEW 수학자가 들려주는 수학 이야기〉는 학교 수학 교과 과정과 긴밀하게 맞물려 있으며, 전체 시리즈를 통해 학교 수학의 많은 내용들을 다룹니다. 따라서 〈NEW 수학자가 들려주는 수학 이야기〉를 학교 수학 공부와 병행하면서 읽는다면 교과서 내용의 소화 흡수를 도울 수 있는 효소 역할을 할 것입니다.

뉴턴이 'On the shoulders of giants'라는 표현을 썼던 것처럼, 수학자라는 거인의 어깨 위에서는 보다 멀리, 넓게 바라볼 수 있습니다. 학생들이 〈NEW 수학자가 들려주는 수학 이야기〉를 읽으면서 각 수학자의 어깨 위에서 보다 수월하게 수학의 세계를 내다보는 기회를 갖기를 바랍니다.

홍익대학교 수학교육과 교수 | 《수학 콘서트》 저자 박경미

전혀 다른 것 같지만 공통점이 많은
'분수·소수·유리수' 이야기

자연수의 계산은 우리 생활에서 많이 쓰이고 있습니다. 자연수의 계산법도 우리가 쉽게 생각하고 이해할 수 있지만, 분수는 다르답니다. $\frac{7}{18}$ 을 $\frac{9}{25}$ 로 나누거나, $\frac{7}{18}$ 에 $\frac{9}{25}$ 를 곱한다는 것은 쉽게 이해되지 않는 계산입니다. 따라서 분수의 계산은 초등학교 학생들이 매우 어려워하는 내용 중 하나입니다.

소수는 자연수와 비슷하게 생긴 모습 때문에 초등학교 학생들은 비교적 거부감이 없는 듯합니다. 하지만 중학교에 가서 소수를 공부하다 보면 이해되지 않는 부분이 생깁니다. 예를 들면 '0.999999……=1'과 같은 것들입니다. 중학교 학생들과 초등학교 학생들은 0.999999……=1이라는 것에 동의하기 쉽지 않습니다.

수학은 0.999999……=1의 경우와 같이 가시적으로 그 개념을 설명하기 어려운 부분도 있습니다. 그뿐만 아니라 (분수)×(분수)의 값이 곱하기임에도 불구하고 처음의 값보다 작아지는 값을 가질 때가 있는데, 수학에서는 이처럼 쉽게 이해가 되지 않는 부분도 있습니다. 또 비슷한 모양의 분수를 유리수라고 부르는 것처럼 번거로운 부분도 있습니다.

　이와 같은 의문점을 가진 학생들에게 그 이유가 무엇인지를 알기 쉽게 이해시키고자 이 책을 저술하였습니다.

　혹시 여러분 중에 수학 공부를 하면서 위와 같은 의문점을 가진 경험이 있나요? 그것만으로도 여러분은 이미 수학적인 사고를 하고 있는 것입니다. 분수를 소수로 표현하는 것을 발명한 수학자 스테빈은 여러분에게 다른 것 같지만 많은 공통점이 있는 분수·소수·유리수의 관계에 대해 설명해 줄 것입니다. 이 책과 함께 또 다른 수학의 세계로 떠나 볼까요?

김 잔 디 · 최 미 라

차례

1 이 책은 달라요

《스테빈이 들려주는 유리수 이야기》는 유리수에 대한 개념과 의미, 연산 등에 관련된 내용을 실제적인 맥락 속에서 이해할 수 있도록 도와줍니다. 또한 분수와 소수의 탄생 배경과 역사적 이야기를 통해 분수와 소수가 우리 생활과 얼마나 밀접하고 필요한 것인지 깨달을 수 있습니다.

이 책은 학생들에게 우리 일상생활의 소재와 상황을 통해 분수와 소수를 이해하고, 나아가 유리수의 성질과 유리수를 넘어선 무한의 의미도 이해할 수 있는 기초를 마련해 줍니다.

문제 상황과 그 해결 과정을 통하여 분수와 유리수, 분수와 소수, 유리수와 소수 관계를 이해하고, 유리수와 분수의 사칙연산 원리를 알고 이를 바탕으로 연산을 연습할 수 있도록 해 줍니다.

2 이런 점이 좋아요

① 분수와 소수의 탄생 배경과 역사적 이야기를 통해 분수와 소수를 더 잘 이해할 수 있도록 도와주며, 그 계산 원리를 스스로 깨달을 기회를 마련해 줍니다.

② 유리수와 분수의 다른 점, 분수를 유리수라 부르는 이유를 이해하며, 여러 수를 그 범위에 맞게 분류할 수 있도록 해 줍니다. 또한 유리수와 소수 관계를 이해하여 무한에 이르기까지 수의 개념을 확장할 수 있도록 했습니다.

③ 초등학생뿐만 아니라 중학생에게도 유리수와 순환소수 관계를 알 수 있도록 도와줍니다. 이로써 학생의 사고가 정수, 유리수를 넘어 실수까지 확장될 수 있는 기초를 마련해 줍니다.

3 교과 연계표

학년	단원(영역)	관련된 수업 주제 (관련된 교과 내용 또는 소단원 명)
중1	수와 연산	정수와 유리수

4 수업 소개

1교시 분수를 만나다

분수가 생겨난 배경과 분수의 여러 의미에 대해 알아봅니다.

- 선행 학습

- 자연수에 대한 개념과 연산

- 학습 방법

- 분수가 왜 필요한지, 분수가 우리 생활과 얼마나 밀접한 관련이 있
  는지를 알아봅니다. 더불어서 양, 부분, 비율, 몫을 표현하는 분수들
  을 이해해 봅니다.

2교시 분수를 이해하다

분수의 종류와 이집트, 그리스, 중국에서 분수가 사용된 역사를 알아봅
니다.

- 선행 학습

- 분수의 크기 비교, 약분과 통분에 대한 이해

- 학습 방법

- 분수에 진분수, 가분수, 대분수라는 이름이 붙여진 이유를 이해하고, 여러 분수를 분류해 보도록 합니다. 고대 이집트인의 분수 표현을 이해하고, 여러 분수를 단위분수로 표현해 봅니다.

3교시 분수를 계산하다

분모가 같거나 다른 분수의 사칙연산 원리를 공부합니다.

- 선행 학습

- 배수와 약수에 대한 이해, 약분과 통분에 대한 이해

- 학습 방법

- 분모가 같은 분수의 덧셈, 뺄셈과 분모가 다른 분수의 덧셈, 뺄셈을 학습합니다. 분수의 곱셈과 나눗셈의 원리를 이해하고, 간단히 계산하는 방법과 그 원리를 학습합니다.

4교시 소수를 만나다

소수가 생겨난 배경과 소수의 표기법, 읽는 방법에 대해 공부합니다.

- 선행 학습

- 분수에 대한 개념과 연산

- 학습 방법

- 소수가 어떻게 생겨나게 되었는지 알아봅니다. 분수를 소수로 바꾸

는 원리와 소수를 표기하고 읽는 방법에 대해 학습합니다.

5교시 ## 소수를 계산하다

소수의 덧셈과 뺄셈, 곱셈과 나눗셈의 사칙연산 원리를 공부합니다.

- • 선행 학습

- - 자연수의 대소 관계 비교하기와 사칙연산에 대한 이해

- • 학습 방법

- - 소수의 대소 관계 비교 방법을 알아봅니다. 소수의 덧셈과 뺄셈, 곱
  셈과 나눗셈의 원리를 이해하고 계산하는 방법을 학습합니다.

6교시 ## 유리수의 세계

유리수의 정의와 포함관계, 유리수의 조밀성에 대해 공부합니다.

- • 선행 학습

- - 정수의 개념과 포함관계에 대한 이해

- • 학습 방법

- - 우리가 아는, 수의 포함관계를 이해하고 여러 수를 알맞게 분류해
  봅니다. 분수를 유리수라 부르는 이유에 대해 이해하고, 분모가 0인
  분수가 존재할 수 없는 이유를 이해합니다. 유리수는 크기 비교가 가
  능하며 수직선에 표현할 수 있음을 압니다. 그리고 유리수와 유리수
  사이에는 무한히 많은 유리수가 존재함을 이해합니다.

유리수를 계산하다

유리수의 사칙연산에 대해 공부합니다.

- **선행 학습**

- 분수, 소수, 정수의 사칙연산에 대한 이해

- **학습 방법**

- 정수의 사칙연산을 생각하면서 유리수의 사칙연산을 이해합니다.
  (음수)×(음수)=(양수)임은 주변 현상과 직관적인 방법으로 이해
  하고, 이를 바탕으로 유리수의 곱셈과 나눗셈의 원리를 익힙니다.

소수의 종류

소수의 종류와 여러 소수 관계에 대해 공부합니다.

- **선행 학습**

- 정수와 유리수의 개념과 포함관계에 대한 이해

- **학습 방법**

- 여러 소수를 크게 유한소수와 무한소수로 나누어 봅니다. 무한소수
  중에서 어떤 소수가 순환소수이고 비순환소수인지를 공부합니다.
  유한소수, 무한소수, 순환소수의 포함관계를 이해합니다.

분수에서 소수로

유한소수로 나타낼 수 있는 분수와 유한소수로 나타낼 수 없는 분수에

대해 공부합니다.

- • 선행 학습
- – 기약분수와 소인수분해에 대한 이해
- • 학습 방법
- – 분수를 기약분수로 나타내어 분모를 소인수분해해 봅니다. 분모를 소인수분해해 보면서 유한소수로 나타낼 수 있는 분수와 유한소수로 나타낼 수 없는 분수를 알아봅니다.

10교시 끝은 없지만 반복되는 구간이 있는 순환소수

순환소수를 분수로 나타내 보고, 순환소수의 크기 비교 방법을 공부합니다.

- • 선행 학습
- – 소수의 크기 비교하기와 일차방정식에 대한 이해
- • 학습 방법
- – 여러 순환소수를 분수로 다시 나타내는 원리와 방법을 이해하고, 순환소수의 크기를 비교하는 방법을 학습합니다.

스테빈을 소개합니다

Simon Stevin(1548~1620)

아름다운 풍차의 나라 네덜란드!

나 스테빈은 벨기에에서 태어났지만 네덜란드 군대의 회계사로 일했습니다.

기술자, 수학자이면서 물리학자이기도 했지요.

특히 이자 계산표 책을 출판했는데, 상인들에게 편리함을 주었지요.

소수의 표기법과 계산법에 관한 발명과 그 해설로 계산술의 발전에 크게 공헌하게 되었답니다.

이 밖에도 정역학靜力學의 힘의 평행사변형의 법칙을 발견했답니다.

여러분, 나는 스테빈입니다

여러분, 안녕하세요? 흥미로운 주제이기도 한 분수와 소수! 이 둘을 여러분에게 소개할 스테빈이라고 합니다. 만나서 정말 반갑습니다. 나는 지금으로부터 약 500년 전인 1548년 벨기에의 북쪽 끝 브뤼주라는 도시에서 태어났지요. 그래도 잘 모르겠죠? 브뤼주는 노트르담 성당으로 유명한 도시랍니다.

나는 본디 브뤼주 시청에서 근무하는 공무원이었답니다. 그러다 네덜란드 군대의 회계사가 되었지요. 16세기 후반의 네덜란드는 스페인과 독립 전쟁 중이었어요. 이해하지 못할 수도 있겠지만, 당시 네덜란드 군대는 독립 전쟁에 사용할 군비가 모자라 상인에게 돈을 빌려 쓰고 그 이자를 함께 계산해서 갚아야만 했습니다. 나는 이러한 시기에 네덜란드 군대의 돈을 책임지며 관리하는 회계사로 일하게 되었답니다. 기술자이자 수학자, 물리학자로 활약하며 여러 방면에 걸쳐 연구를 시작한 나는 1582년 이자 계산표 책을 출판하였습니다. 이 책은 이자 계산으로 골머리를 앓던 상인들에게 이자 계산을 쉽고 편리하게 할 수 있도록 도움을 주었답니다. 소수십진 분수의 표기법과 계산법에 관한 최초의 발명과 해설을 담은《10분의 1에 관하여 De Thiende》라는 책에서 드디어 소수가 탄생하게 되었지요. 내가 여기에서 소개한 소수의 표기법은 특히 계산술의 발전에 크게 이바지하게 되었습니다.

내가 연구한 소수의 표기법을 소개하자면 다음과 같습니다. 당시 이자 계산은 분수로 했는데 만약 빌린 돈에 대한 이자가 $\frac{1}{10}$일 경우에는 계산이 간단했습니다. 하지만 $\frac{1}{11}$, $\frac{1}{12}$과 같은 경우에는 그 계산이 굉장히 어렵고 복잡했지요. 그래서 나는 매번 이자를 계산할 때마다 좀 더 편리하게 계산하는 방법을 궁리하기 시작했고, 그러던 어느 날 좋은 생각 하나가 떠올랐어요. 바로 이자가 $\frac{1}{10}$일 때 계산이 간단해진다고 느낀 이유를 잘 생각해 보니 분모가 10의 거듭제곱이라서 통분하기 쉽기 때문이라는 것을 알아냈답니다. 그러니까 이자를 계산할 때 분모를 10, 100, 1000, ……과 같이 10의 거듭제곱으로 만들어 주면 통분하기가 쉽고 따라서 이자 계산도 쉽게 할 수 있다는 것을 알게 된 것이지요. 그래서 '분수의 분모를 없애 주면 더 쉽고 간편하지 않을까?' 하는 호기심에 $4+\dfrac{3}{10}+\dfrac{2}{100}+\dfrac{1}{1000}$ 을 4◎3①2②1③오늘날의 4.321과 같이 나타내 주는 방법을 생각하게 되었어요. 소수점을 ◎으로, 소수 첫째 자리를 ①, 둘째 자리를 ②, 셋째 자리를 ③으로 나타내는 것이죠. 이것이 바로 최초의 소수 표기법이랍니다.

1585년에 나는 이러한 방법으로 누구든지 이자 계산을 쉽게 할 수 있도록 소수를 사용한 이자 계산표를 책으로 만들었답니다. 그래서 많은 사람에게 도움을 주게 되었는데, 정말 기쁘게 생각합니다.

내가 처음 발명한 소수의 표기법은 조금 복잡했습니다. 하지만 여러 후배 수학자에 의해 점차 발전하여 지금의 형태가 되었답니다. 나는 수학뿐만 아니라 물리학에도 관심이 많아 물리학과 과학에 대한 연구도 많이 했습니다. 그래서일까요? 나중에는 네덜란드의 수륙 영선수로와 육로를 신축하고 수리하는 일의 최고

감독관이라는 지위에도 오를 수 있었습니다.

여러분! 수학자는 특별한 사람이 아니랍니다. 중요한 것은 나와 다른 수학자들이 그랬던 것처럼, 항상 수학에 대한 궁금증을 두며 의심하고, 생각하고 생각하는 것입니다. 그러다 보면 어느 순간 '아하!' 하는 좋은 생각이 떠오를 때가 있습니다. 바로 그때 수학적인 발명과 발견이 이루어질 수 있는 거랍니다. 항상 수학에 대한 관심을 두고 '왜 그럴까?'라는 의문을 가져 보세요. 여러분도 모두 훌륭한 수학자가 될 수 있답니다.

스테빈이 들려주는 유리수 이야기

분수를
만나다

분수가 생겨난 배경과
분수의 여러 의미에 대해 알아봅니다.

수업 목표

1. 분수의 의미를 이해하고, 분수를 쓸 수 있습니다.
2. 분수가 왜 필요한지 알 수 있습니다.

미리 알면 좋아요

1. **자연수** 1, 2, 3, ……과 같은 수를 자연수라고 합니다.

2. **자연수의 사칙연산** 덧셈, 뺄셈, 곱셈, 나눗셈을 말합니다.

3. **자연수의 덧셈과 뺄셈과의 관계** $a+b=c$, $c-b=a$, $c-a=b$

4. **자연수의 곱셈과 나눗셈과의 관계** $a \times b=c$, $c \div b=a$, $c \div a=b$

스테빈의
첫 번째 수업

분수란 무엇일까?

우리가 아는 수에는 어떤 것들이 있나요? 1, 2, 3, 4, ……가 떠오르나요? 이런 수들을 자연수라고 해요. 하지만 이러한 자연수로는 세상의 많은 수를 충분히 표현하기 어렵습니다. 그래서 생겨난 수가 바로 분수와 소수랍니다. 그중에서도 이번 시간에는 분수에 대해 공부해 보도록 하겠습니다.

분수는 인류가 아주 오래전부터 사용해 왔답니다. 분수의 역사가 오래된 이유는 그 당시 인류의 삶에서 꼭 필요한 수였기 때문입니다. 아주 먼 옛날 짐승이나 열매를 세는 데 수를 사용했죠. 그때 사람들은 우리가 잘 아는 자연수를 이용했습니다. 그런데 점점 문제가 생겨나게 되었지요.

원시인 3명이 사자 1마리를 사냥하였는데, '어떻게 사자 1마리를 나눠야 하는지…….' 즉, 분배 문제가 생겨나게 된 거예요. 자연수로는 도저히 해결할 수 없는 문제였지요. 그때부터 사용하게 된 수가 바로 분수랍니다.

분수는 어떤 물건을 똑같이 나누는 것에서 생겨나게 되었고, 또 그것을 표현하는 데 가장 많이 사용합니다. 분수를 공부하기에 앞서 먼저 양量에 대해서 알아보겠습니다.

우리가 좋아하는 축구공, 책상, 사과, 새, 이런 것들은 하나하나 떨어져 있는 것이죠. 이렇게 따로 떨어져 자연수로 셀 수 있는 양을 이산량분리량이라고 해요. 반면 연필의 길이, 친구의 몸무게, 수박 한 통의 무게와 같은 양은 따로 떨어진 것이 아니지요. 이러한 양을 연속량이라고 해요. 이산량은 학생 수, 연필 수, 물 2컵과 같이 자연수로 나타낼 수 있어요. 하지만 연속량은 자연수와 대응되지 않고, 근삿값으로 말할 수 있답니다. 연필의 길이는 약 7cm, 친구의 키는 약 155cm처럼 말이에요. 분수를 공부하는 데 왜 이런 이산량과 연속량을 공부하는지 궁금하죠? 그 이유는, 분수가 이산량과 연속량을 나누고 표현하는 방법이기 때문입니다. 예를 들어 '친구 4명이 구슬 8개를 나눠 가질 때 1명이 가지는 구슬은, 전체 구슬의 얼마인가?'라는 물음에 답하기 위해서는 분수를 사용할 수 있어야 합니다. 이때 사용하는 분수는 이산량을 분수로 나타내는 것이랍니다. 이것과는 달리 '초코파이 1개를 4명이 나누어 먹을 때 1명이 먹을 수 있는 양'은 연속량을 분수로 나타내는 것이랍니다.

잘 모르겠다고요? 여러분의 이해를 돕기 위해 다음 문제를 같이 해결해 보겠습니다.

다음 상황을 보고 이산량에서의 분수인지, 연속량에서의 분수인지를 함께 알아볼까요?

A. 사자 1마리를 3명이 나누어 갖는 경우.

B. 사자 6마리를 3명이 나누어 갖는 경우.

첫 번째 상황 A는, 사자 1마리를 나누는 경우입니다. 사자의 각 부위는 따로 떼어서 생각할 수 없어서 결국 연속량으로서 분수로 표현됩니다. 두 번째 상황 B는, 사자 6마리를 따로 떼어서 생각할 수 있습니다. 이는 이산량으로서 분수로 표현됩니다.

분수는 왜 필요할까?

아래 그림을 보세요. 피자가 얼마 남았는지, 막대의 색칠된 부분은 얼마인지, 통에 남은 페인트 양은 얼마인지 자연수로 대답할 수 있을까요?

물론 쉽지는 않습니다. 하지만 분수를 이용하면 이 질문에 쉽게 대답할 수 있답니다.

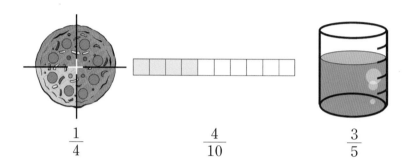

$$\frac{1}{4} \qquad \frac{4}{10} \qquad \frac{3}{5}$$

이렇게 분수를 이용하면 남아 있는 양이나 전체에 대한 부분의 크기를 쉽게 말할 수 있고, 또 표현할 수 있답니다. 자, 이제 분수로 표현할 수 있는 것들에 대해 알아볼까요?

전체에 대한 부분을 나타내는 분수조작분수

우리가 초등학교 시절 가장 많이 접하고 공부한 분수랍니다. '전체를 똑같이 몇 등분했을 때, 얼마'를 나타내는 경우로 전체에 대한 부분part-to-whole을 나타내는 분수라고 합니다. 이때 주의할 점은 '똑같이 나눈다.'라는 것입니다. 즉, 각 부분의 크기는 같아야 하죠.

피자를 살펴볼까요? 피자 한 판을 시키면 6조각으로 나뉘어 배달됩니다. 그럼 피자의 1조각은 전체 6조각 중에 1조각이므로 분수로 나타내면 $\frac{1}{6}$입니다. 물론 각 조각의 크기는 다 같아야 하겠지요.

분수로 나타내기 위해서는 전체를 나타내는 분모와 부분을 나타내는 분자를 나타내는 숫자가 필요합니다. 분수는 전체를 기준으로 부분을 표현하기 때문에 항상 2개의 수가 필요하답니다.

$$\frac{1}{6} \; \Rightarrow \; \frac{\text{분자}}{\text{분모}}$$

양을 나타내는 분수 양의 분수

우리는 앞에서 페인트 통에 든 페인트, 원의 넓이, 막대의 길이를 분수로 표현하면 쉽게 나타낼 수 있다고 배웠습니다. 이렇게 분수를 이용하면, 양을 나타낼 수 있기 때문입니다. 양이 란 크기, 길이, 넓이, 부피 등을 말하고, 그것들의 상대적인 크기 는 분수로 쉽게 나타낼 수 있습니다. 분수로 나타낸 양을 이용 하면 두 양의 비교도 쉽게 할 수 있답니다. 아래의 〈그림 1〉과 〈그림 2〉의 양을 비교해 볼까요?

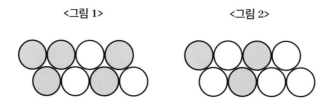

〈그림 1〉　　　　　　　〈그림 2〉

위의 두 그림을 비교해 보면 〈그림 1〉은 $\frac{5}{8}$이고, 〈그림 2〉는 $\frac{3}{8}$이므로 〈그림 1〉이 〈그림 2〉보다 $\frac{2}{8}$만큼 더 크다는 것을 알 수 있습니다. 이처럼 분수는 쉽게 양을 나타낼 수 있으며, 두 양 을 쉽게 비교할 수 있도록 해 줍니다.

비율로서의 분수비율분수

혹시 TV에서 두 팀이 나와 경쟁하는 프로그램을 본 적 있나요? 그때 아나운서가 두 팀의 점수를 어떻게 말하던가요. '150점 대 200점!'이라고 말하지 않던가요? 우리가 일상생활에서 많이 쓰는 이러한 '몇 대 몇'은 사실, 수학적인 표현이랍니다. ' : ' 이런 기호로 나타내고 '몇 대 몇'이라고 읽어요. 예를 들어 짝의 키와 내 키를 비교할 때 '짝의 키 : 내 키'로 나타내고, 이것은 내 키에 대한 짝의 키의 비比를 의미해요. 비는 야구 경기의 점수를 나타낼 때, 우리 반 여학생과 남학생의 비를 나타낼 때처럼 일상생활에서 매우 많이 사용할 수 있어요. 벌써 비와 분수의 공통점을 발견한 친구들이 있나요? 있다면 정말 대단한 수학적 감각을 지닌 거랍니다. 분수는 전체에 대한 부분을 나타낸다면, 비는 기준량에 대한 비교하는 양을 나타냅니다. 즉, 기준량이 전체가 되면 비와 분수는 거의 비슷한 의미라고 볼 수 있죠. 그래서 비는 분수로 표현할 수 있답니다.

우리가 좋아하는 야구를 예로 들어 볼까요? A팀 : B팀의 점수가 2 : 5라고 할 때, B팀 점수를 기준으로 B팀 점수에 대한 A팀 점수의 비의 값은 $\frac{2}{5}$로 나타낼 수 있답니다. A팀 점수를 기준으로 나타내면 5 : 2이므로 $\frac{5}{2}$로 나타낼 수 있습니다. 이처럼 어떤 수를 기준량으로 하여, 어떤 수를 비교하는 양으로 나타내

는 분수를 비율로서의 분수라고 합니다. 어떤 수를 기준량으로 하느냐에 따라 비의 값이 이처럼 달라지기 때문에 비율로서의 분수는 '너의 키가 나의 키의 몇 배'와 같은 두 수의 비율_배을 비교할 때 편리하게 사용할 수 있답니다.

몫으로서의 분수_{몫의 분수}

식탁에 빵이 하나 놓여 있습니다. 혼자 먹으려고 봤더니, 거실에서 열심히 책을 보는 동생이 맘에 걸렸어요. 그래서 두 형제는 사이좋게 빵을 나누어 먹었습니다. 형은 얼마만큼 빵을 먹었을까요? 맞아요. 빵의 반을 먹었습니다. 그것을 수학적으로 표현하면 다음과 같이 나타낼 수 있어요.

빵 1개를 2명이 나누어 먹었다.
형이 먹은 빵의 양은?

➡

$$1 \div 2$$
$$0.5 \text{ 또는 반 또는 } \frac{1}{2}$$

그렇다면 $1 \div 2 = \frac{1}{2}$로 표현할 수 있겠죠? 하나 더 말하자면 이처럼 나눗셈의 몫을 나타낼 때에 사용하는 분수를 몫으로서의 분수라고 한답니다.

　이처럼 분수는 많은 것을 쉽게 표현하게 해 준답니다. 이제 우리가 분수를 왜 공부하는지, 우리 생활에서 분수가 왜 필요한지 알 수 있겠죠? 다음 시간에는 분수의 종류에 대해 공부해 보도록 해요.

❶ 분수란?

어떤 물건을 똑같이 나누는 것에서 생겨난 수

$a, b(b \neq 0)$가 범자연수 0, 1, 2, 3, ……이고, $\dfrac{a}{b}$로 나타낼 수 있는 수

• 이산량으로서의 분수 하나하나 떨어진 것들을 분수로 나타낸 것

예) 사과 12개의 $\dfrac{1}{3}$

• 연속량으로서의 분수 따로 떨어진 양이 아닌 것들을 분수로 나타낸 것

예) 사과 1개의 $\dfrac{1}{3}$

❷ 분수로 표현할 수 있는 것들

• 조작분수 전체에 대한 부분을 나타내는 분수

• 양의 분수 상대적인 크기를 나타내는 분수

• 비율분수 기준량에 대한 비교하는 양을 나타내는 분수

• 몫의 분수 나눗셈의 몫을 나타내는 분수

분수를
이해하다

분수의 종류와 이집트, 그리스, 중국에서
분수가 사용된 역사를 알아봅니다.

1. 분수의 종류를 이해하고 표현할 수 있습니다.
2. 분수의 탄생 배경을 알고, 여러 나라의 분수의 역사를 알 수 있습니다.

미리 알면 좋아요

1. **분수의 크기 비교**

   (1) $a>b$이면, $\dfrac{a}{c}>\dfrac{b}{c}$ ($c>0$)이다.

   (2) $ad>bc$이면, $\dfrac{a}{b}>\dfrac{c}{d}$ (b, d는 같은 부호)이다.

2. **약분** 분수 $\dfrac{18}{24}$을 분모와 분자의 공약수인 2로 나누면 $\dfrac{9}{12}$, 3으로 나누면 $\dfrac{6}{8}$, 6으로 나누면 $\dfrac{3}{4}$이 됩니다. 이러한 과정을 약분이라 하고, 더 이상 약분할 수 없는 분수 $\dfrac{3}{4}$을 **기약분수**라고 합니다.

3. **통분** 분모가 다른 분수를 분모가 같게 만들어 주는 과정을 통분이라고 합니다.

   예) $\dfrac{3}{4}$, $\dfrac{5}{6}$를 통분하는 방법 : 4와 6의 최소공배수 12로 분모를 같게 만들어 줍니다. $\Rightarrow \dfrac{9}{12}$, $\dfrac{10}{12}$

스테빈의
두 번째 수업

안녕하세요, 여러분. 첫 번째 수업에서 우리가 무엇을 공부했는지 잘 기억하고 있겠죠? 맞아요. 분수는 어떠한 물건을 똑같이 나누어 갖기 위해 생겨났다고 배웠어요. 즉, 이산량에서의 분수와 연속량에서의 분수를 배웠지요. 또한 분수로 표현할 수 있는 것들로 조작분수, 양의 분수, 비율분수, 몫의 분수를 배웠답니다. 오늘은 분수의 종류를 알아보고, 분수가 어떻게 생겨났는지를 배워 보도록 하겠습니다.

분수의 종류와 탄생

분수는 그 생긴 모양에 따라 진분수, 가분수, 대분수가 있습니다. 분수를 나타내는 두 수, 분모와 분자의 모양에 따라 이름이 달리 지어진 것입니다.

진분수proper fraction는 분자가 분모보다 작은 분수를 말합니다. 즉, 0에서 1사이의 모든 분수가 진분수에 해당됩니다. 어떠한 물건을 1로 봤을 때, 분수는 1보다 작은 것을 나타내기 위해 생겨난 것이랍니다. 이처럼 진분수는 분수의 정의와 일치하므로 그냥 분수라고 말해도 됩니다. 그런데 왜 진분수라는 이름이 붙여졌을까요? 진짜 분수 정의이기 때문이라고요? 여러분의 생각도 맞습니다. 무엇보다 진분수라 이름이 따로 붙여진 이유는 대분수, 가분수와 구별할 때를 대비하기 위해서랍니다.

선생님이 아침에 주로 먹는 토스트를 예로 들어 볼게요. 토스트 1개를 칼로 잘라 4조각으로 나눠 봅시다. 그중에 1조각을 먹으면 $\frac{1}{4}$을 먹는 것이 되고, 그중에 3조각을 먹으면 $\frac{3}{4}$을 먹는 것이 됩니다. 이처럼 $\frac{1}{4}$, $\frac{2}{4}$, $\frac{3}{4}$과 같은 분수를 진분수라고 합니다. 그런데 진분수 중에서도 특별한 모양을 가진 분수들이 있답니다. 다음 분수들의 공통점을 찾아볼까요?

$$\frac{1}{2}, \frac{1}{3}, \frac{1}{4}, \frac{1}{5}, \frac{1}{6}, \cdots\cdots$$

어떤가요? 그래요. 분자가 모두 1이지요? 이러한 분수들은 단위분수라고 합니다. $\frac{1}{2}$은 둘로 나눈 것 중 하나의 단위를 나타내고, $\frac{1}{3}$은 셋으로 나눈 것 중 하나의 단위를 나타낸 것입니다. 단위분수 모두 분자가 분모보다 작아서 진분수라고 할 수 있습니다.

가분수improper fraction는 분자와 분모가 같은 경우나, 분자가 분모보다 큰 분수를 말합니다. $1=\frac{2}{2}=\frac{3}{3}=\frac{4}{4}=\frac{5}{5}=\cdots\cdots$와 같이 분모와 분자가 같은 분수는 자연수 1을 나타냅니다. 자연수 1을 나타내는 위의 분수들은 모두 가분수라고 합니다. $\frac{3}{2}$, $\frac{7}{4}$, $\frac{32}{19}$와 같이 분자가 분모보다 큰 분수도 가분수라고 부릅니다. 이것은 ─ 1보다 작은 수를 나타낸다는 ─ 분수의 진짜 정의와는 맞지 않기 때문에 가분수라고 부릅니다. '적절하지 않은 분수'라는 뜻입니다. 그러면 가분수는 왜 생겨났을까요? 가분수는 분수의 정의에서 유도된 것이 아니라 단지 진분수의 연산에 의하여 나타난 분수랍니다. 진분수의 덧셈을 통해 생겨난 분수이지요.

대분수mixed number는 정수와 분수의 조합으로 나타낸 분수를 말합니다. 예를 들어 $3\frac{4}{7}$는 정수 3 더하기 분수 $\frac{4}{7}$, 또는 $3+\frac{4}{7}$를 의미하는 것으로 대분수라고 할 수 있습니다. 가분수 $\frac{7}{4}$은 $1+\frac{3}{4}$을 나타내며, $1\frac{3}{4}$을 의미합니다. 이처럼 대분수는 가분수의 양의 크기를 표현하는 다른 방법이 됩니다.

이제 분수의 종류에 대해 잘 이해했나요? 그럼 밑에 있는 분수들을 아래에 그려진 집으로 알맞게 이동시켜 보세요.

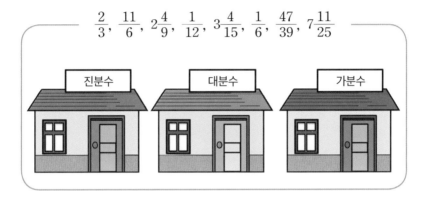

$$\frac{2}{3}, \ \frac{11}{6}, \ 2\frac{4}{9}, \ \frac{1}{12}, \ 3\frac{4}{15}, \ \frac{1}{6}, \ \frac{47}{39}, \ 7\frac{11}{25}$$

| 진분수 | 대분수 | 가분수 |

이번에는 또 다른 분수의 종류에 대해 공부해 볼까요?

다음의 분수들을 잘 살펴보세요. 어떤 공통점을 발견할 수 있나요?

$$\frac{2}{3}, \ \frac{4}{6}, \ \frac{6}{9}, \ \frac{8}{12}, \ \frac{10}{15}, \ \cdots\cdots$$

공통점을 발견하였나요? 잘 모르겠다고요? 그럼 다음 그림을 한번 살펴보세요.

$\Rightarrow \dfrac{2}{3}$

$\Rightarrow \dfrac{4}{6}$

$\Rightarrow \dfrac{6}{9}$

$\Rightarrow \dfrac{8}{12}$

$\Rightarrow \dfrac{10}{15}$

$\vdots \qquad\qquad \Rightarrow \vdots$

이제 발견하였나요? 네, 맞습니다. 크기가 모두 같은 분수네요. 크기는 같지만 표현이 다른 이러한 분수들을 동치분수라고 합니다.

동치분수는 분자와 분모를 같은 수로 나누거나 곱하면 같은 모양으로 만들 수 있습니다. 이때 $\dfrac{2}{3}$와 같이 분자와 분모를 더 이상 같은 수로 나눌 수 없는 분수를 기약분수라고 합니다. 조금 더 어려운 말로 한다면, '분자와 분모 사이에 공약수를 갖지 않은 분수'를 기약분수라고 합니다.

여러분의 이해를 돕기 위해 다른 예를 들어 보겠습니다.

어떤 야구 선수가 50타석 동안 35개의 안타를 쳤다면, 그 야구 선수의 타율은 $\frac{35}{50}$이고 이것을 기약분수로 나타낸다면 $\frac{7}{10}$이 됩니다. 신문에서 그 선수의 타율을 $\frac{7}{10}$로 나타냈다면, 사람들은 그 선수가 10타석 동안 7개의 안타를 쳤는지, 100타석 동안 70개의 안타를 쳤는지 알 수 없을 겁니다. 이처럼 기약분수로 나타낼 때 $\frac{35}{50}$와 같이 원래 분수가 갖고 있던 본래의 의미를 잃어버리는 경우가 많습니다. 하지만 기약분수는 분수를 간단한 형식으로 나타낼 수 있고, 알아보기 쉽기 때문에 많이 사용됩니다. 우리가 수학 시간에 적는 답도 기약분수로 나타내지요. 수학 시간에 하는 분수의 계산은 — 본래 분수의 의미를 이해하는 경우보다는 — 단순한 계산과 그 결과를 표현하는 경우가 더 많아서 알아보기 쉽게 기약분수로 표현한답니다.

이렇게 여러 종류가 있는 분수는 어떻게 생겨났을까요? 분수를 사용했던 고대 이집트로 가 봅시다. 야자나무 열매 1개를 3명의 이집트인이 나누어 갖는 것으로 고민하고 있습니다. 야자나무 열매를 어떻게 나눌 수 있을까요? 이러한 상황을 분수로 어떻게 나타낼 수 있을까요? 이집트인들은 지금 야자나무 열매 1개를 3등분하였네요. 그리고 그것을   이렇게 표현했답니다. 이 문자는 지금 우리가 $\frac{1}{3}$이라고 부르는 분수를 의미합니다. 그럼 다음 삽화를 보면서 이집트 벽화 속의 문자들이 각각 어떤 분수를 나타내는지 추측해 보세요.

위 벽화에 그려진 문자가 어떤 분수를 나타내는지 알 수 있겠
나요? 아래의 문자와 분수를 살펴봅시다.

$$ㄱ \Rightarrow \frac{1}{2}, \quad \text{유} \Rightarrow \frac{2}{3}, \quad \text{유} \Rightarrow \frac{1}{3}$$

$$\text{유} \Rightarrow \frac{1}{4}, \quad \text{유} \Rightarrow \frac{1}{5}, \quad \text{유} \Rightarrow \frac{1}{10}$$

여러분이 맞힌 분수도 있을 것이고, 예상과 다른 분수도 있을 것입니다. $\frac{2}{3}$를 한번 살펴봅시다. ⟨그림⟩ 는 우리의 예상과 다른 모양을 하고 있네요. 어찌 된 일인지 이집트인들은 $\frac{1}{2}$과 $\frac{2}{3}$만큼은 우리의 생각과 다르게 표현하고 있습니다. 그 이유는 아직 밝혀지지 않고, 여러 추측만 있다고 합니다. 계속해서 이집트인들이 사용한 분수를 살펴봅시다. 이집트인들이 사용한 분수들의 공통점을 발견할 수 있나요? 네, 그래요. 고대 이집트인들은 단위분수를 사용하였답니다. 모든 분수를 단위분수와 $\frac{2}{3}$를 이용하여 표현하였지요.

이집트인들이 사과 3개를 놓고 어떻게 나눌지 고민하고 있네요. 우리가 문제 해결을 도와줄까요? 자, 사과 3개가 있습니다. 4명의 사람에게 나누어 주기 위해서 우선 사과를 반쪽씩 나눠봅시다. 한 사람당 사과 반쪽씩 나누어 갖습니다. 이렇게 나누어 가진 반쪽 사과 2조각을 결국 4명에게 똑같이 나누어 주기 위해 각각의 조각을 다시 반으로 나눕니다. 결국 4명이 갖는 사과의 양은 반쪽 사과 1조각과 반의반 쪽 사과 1조각입니다. 이것을 식으로 표현해 보면 다음과 같습니다.

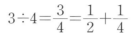

$$3 \div 4 = \frac{3}{4} = \frac{1}{2} + \frac{1}{4}$$

위와 같이 이집트인들은 물건 나누는 것을 통해서 분수의 필
요성을 깨닫게 되고, 단위분수의 합으로 표현하게 됩니다. 모든
분수를 단위분수로 나타내는 일이 쉽지 않은데, 이집트인들은

그들만의 방법이 있었습니다. 바로 분수를 단위분수로 고치는 환산표를 갖고 있었던 것이지요. 우리가 아는 곱셈구구표처럼 말입니다. 그런데 만약 환산표를 갖고 있지 않았다면 어떻게 분수를 표현할 수 있었을까요? 이집트인들의 분수 표현 방법을 한번 배워 볼까요? 이집트 분수를 만드는 방법은 다음과 같습니다.

(1) 주어진 분수와 크기가 같은 분수를 여러 개 찾는다.

$$\left(\frac{3}{10} = \frac{6}{20} = \frac{9}{30} = \frac{12}{40} = \frac{15}{50}\right)$$

(2) 찾은 분수의 분자 중에서 주어진 분수의 분모보다 1이나 2 큰 수를 찾는다.

$$\left(\frac{3}{10} = \frac{12}{40}\right)$$

(3) 이 분수를 분모가 같은 단위분수 하나와 또 하나의 분수로 분해한다.

$$\left(\frac{3}{10} = \frac{12}{40} = \frac{10}{40} + \frac{2}{40}\right)$$

(4) 분수를 약분하여 단위분수로 나타낸다.

$$\left(\frac{3}{10} = \frac{10}{40} + \frac{2}{40} = \frac{1}{4} + \frac{1}{20}\right)$$

이집트 분수의 원리를 이해하였나요? 그럼 다음 각각의 분수를 이집트인들처럼 단위분수의 합으로 나타내어 봅시다.

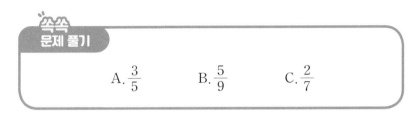

쏙쏙
문제 풀기

$$A. \frac{3}{5} \qquad B. \frac{5}{9} \qquad C. \frac{2}{7}$$

고대 이집트에서 이미 단위분수를 사용하고 있을 때 그리스인들도 분수 비슷한 것을 사용하고 있었답니다. 하지만 그것은 분수가 아닌 비율에 지나지 않았어요. 왜냐하면 그리스인들은 자연수 이외의 수는 수로 인정하지 않았기 때문입니다. 그래서 그리스인들은 $\frac{3}{5}$ 이라는 분수 대신에 자연수로 나타낼 수 있는 '3 대 5'와 같은 비_比율을 사용하였답니다. 그래서일까요? 분자와 분모로 구성되는 분수의 의미를 깨닫기까지는 오랜 시간이 걸렸답니다.

하지만 이보다도 훨씬 이전부터 중국에서는 이미 분수가 사용되고 있었어요. 믿기지가 않는다고요? 그러나 이는 사실이랍니다. 중국의 오래된 수학책《구장산술》에서는 분수의 곱셈 문제와 답이 다음과 같이 쓰여 있었다고 해요. 책의 내용을 한번 살펴볼까요?

문. 지금 여기 밭이 있다. 가로는 $\frac{4}{7}$보步, 세로는 $\frac{3}{5}$보이다. 넓이는 얼마인가?

답. 분모와 분모를 곱하여 분모로 삼고, 분자와 분자를 곱하여 분자로 삼으면 밭의 넓이를 알 수 있다.

분수의 '분모'와 '분자'라는 말이 그 무렵부터 쓰이고 있었다는 것과 '분수의 곱셈' 계산하는 법까지 설명되어 있었다는 게 정말 놀랍지 않으세요?

이처럼 중국에서는 지금과 같은 분수가 사용되고 있었는데, 왜 유럽에서는 비율분수만 사용되었을까요? 또 중국에서는 어떤 이유로 분수가 일찍부터 사용되었을까요? 그 이유에 대해서는 아직 알려진 바가 없지만 우리가 그 이유를 생각해 보는 건 어떨까요?

❶ 분수의 종류

• 진분수 분자가 분모보다 작은 분수

예) $\dfrac{2}{3}, \dfrac{2}{4}, \dfrac{3}{4}$

• 가분수 분자와 분모가 같거나 분자가 더 큰 분수

예) $\dfrac{3}{3}, \dfrac{3}{2}, \dfrac{7}{4}, \dfrac{32}{19}$

• 대분수 정수와 분수의 조합

예) $1\dfrac{3}{4}, 3\dfrac{4}{7}, 4\dfrac{1}{2}$

❷ 고대 이집트인들이 사용했던 분수 표현 방법

① 주어진 분수와 크기가 같은 분수를 여러 개 찾습니다.

$\left(\dfrac{3}{10} = \dfrac{6}{20} = \dfrac{9}{30} = \dfrac{12}{40} = \dfrac{15}{50} \right)$

② 찾은 분수의 분자 중에서 주어진 분수의 분모보다 1이나 2

큰 수를 찾습니다.

$\left(\dfrac{3}{10} = \dfrac{12}{40} \right)$

③ 이 분수를 분모가 같은 단위분수 하나와 또 하나의 분수로 분해합니다.

$$\left(\frac{3}{10}=\frac{12}{40}=\frac{10}{40}+\frac{2}{40}\right)$$

④ 분수를 약분하여 단위분수로 나타냅니다.

$$\left(\frac{3}{10}=\frac{10}{40}+\frac{2}{40}=\frac{1}{4}+\frac{1}{20}\right)$$

분수를
계산하다

분모가 같거나 다른 분수의 사칙연산 원리를 공부합니다.

1. 분수의 사칙연산 원리를 이해합니다.
2. 분수의 사칙연산을 익숙하게 할 수 있습니다.

미리 알면 좋아요

1. **배수와 약수**

   (1) **배수** 정수 a, b(단, $b \neq 0$)에서 b가 a로 나누어질 때, b는 a의 배수입니다. 즉, $b = ax$인 정수 x가 존재합니다.

   예) 4의 배수 : 4, 8, 12, 16, 20, ……

   (2) **약수** 정수 a, b(단, $b \neq 0$)에서 b가 a로 나누어질 때, a는 b의 약수입니다. 즉, $b = ax$인 정수 x가 존재할 때, a는 b의 약수입니다.

   예) 24의 약수 : 1, 2, 3, 4, 6, 8, 12, 24

2. **약분** 분수 $\frac{18}{24}$을 분모와 분자의 공약수인 2로 나누면 $\frac{9}{12}$, 3으로 나누면 $\frac{6}{8}$, 6으로 나누면 $\frac{3}{4}$ 됩니다. 이러한 과정을 약분이라 하고, 더 이상 약분할 수 없는 분수 $\frac{3}{4}$을 기약분수라고 합니다.

3. **통분** 분모가 다른 분수를 분모가 같게 만들어 주는 과정을 통분이라고 합니다.

   예) $\frac{3}{4}$, $\frac{5}{6}$ 통분하는 방법 : 4와 6의 최소공배수 12로 분모를 같게 만들어 줍니다. ⇒ $\frac{9}{12}$, $\frac{10}{12}$

스테빈의
세 번째 수업

분수를 어떻게 계산할까?

수를 학습하고 나서 우리는 그 수를 활용하여 무엇을 할 수 있을까요? 물건 크기를 나타내거나, 나와 친구의 물건 크기를 합하거나, 나와 친구의 물건 크기를 비교하거나, 물건을 친구들에게 나누어 주거나, 물건의 묶음을 간단하게 계산하는 등의 활동을 할 수 있습니다. 이러한 것을 수학적인 용어로 사칙연산이라고 합니다. 사칙연산이란 덧셈, 뺄셈, 곱셈, 나눗셈을 말합니다.

분수도 사칙연산이 가능하답니다. 분수는 분자와 분모로 이루어진 수라고 했습니다. 여기에서 분모는 분수의 성질을 결정하는 중요한 수입니다. 분모가 같은 분수끼리의 덧셈과 뺄셈은, 분자끼리의 덧셈과 뺄셈만으로 쉽게 계산할 수 있습니다. 분모가 6으로 같은 분수끼리의 덧셈 $\frac{1}{6}+\frac{3}{6}$을 계산해 볼까요?

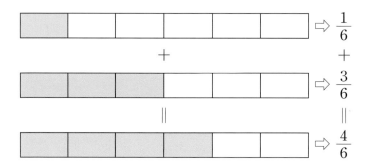

이처럼 분모가 같은 분수끼리의 덧셈과 뺄셈은 그림으로 그려 보면 쉽게 이해할 수 있습니다. 그럼 분모가 다른 분수는 어떻게 계산할까요?

얼음 7조각   물 1컵   수증기 한 봉지

A. 얼음에서 물을 빼 보시오.

B. 물과 수증기를 더해 보시오.

　대부분의 학생은 고개를 설레설레 흔듭니다. 학생 중에는 멍한 표정이거나 고개를 갸웃하고 생각에 잠기는 모습도 보입니다. 침묵 끝에 한 학생이 스테빈 선생님께 답을 제출합니다.

A. 얼음을 물컵에 담아 녹이고 나서 그 양만큼 물컵의 물을 따라 냅니다.

B. 물 1컵을 주전자에 넣고 끓이면서, 주전자 주둥이에 봉지를 끼워 물을 수증기로 바꾸어 담습니다. 물을 수증기로 바꾼 봉지에서 수증기 한 봉지를 더합니다.

　여러분은 어떤 것 같나요. 친구가 문제를 잘 푼 것 같나요? 실은 여러분에게 분수 사칙연산의 중요한 원리를 이해하게 하려고 일부러 낸 문제입니다. 우리가 얼음에서 물을 뺄 수 없겠지요. 마찬가지로 물에서 수증기를 더할 수 없겠지요. 즉, 분수도 분모가 다르면 빼거나 더할 수도 없답니다. 얼음과 물이 다를 때 얼음을 녹였듯이, 분수의 분모가 다를 때는 통분을 하면 된답니다.

$\dfrac{2}{7} + \dfrac{3}{5}$ 을 계산해 볼까요? 두 분수는 얼음과 물처럼 분모가 다릅니다. 얼음을 녹여 물을 만들었듯이, 두 분수를 같은 분모를 가진 분수로 만들어 봅시다.

1. $\dfrac{2}{7}$의 동치분수를 찾아봅시다.

$$\left(\dfrac{2}{7}=\dfrac{4}{14}=\dfrac{6}{21}=\dfrac{8}{28}=\dfrac{10}{35}=\dfrac{12}{42}\right)$$

2. $\dfrac{3}{5}$의 동치분수를 찾아봅시다.

$$\left(\dfrac{3}{5}=\dfrac{6}{10}=\dfrac{9}{15}=\dfrac{12}{20}=\dfrac{15}{25}=\dfrac{18}{30}=\dfrac{21}{35}\right)$$

3. 분모가 같은 분수를 찾아봅시다.

$$\left(\dfrac{2}{7}+\dfrac{3}{5}=\dfrac{10}{35}+\dfrac{21}{35}\right)$$

4. 다음은 분모가 같은 분수의 덧셈과 같은 방법으로 계산할
   수 있습니다.

아래처럼 그림으로 표현해 볼까요?

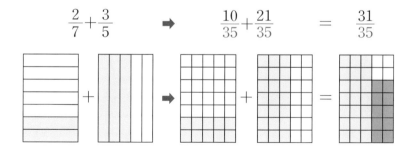

$$\dfrac{2}{7}+\dfrac{3}{5} \quad \Rightarrow \quad \dfrac{10}{35}+\dfrac{21}{35} \quad = \quad \dfrac{31}{35}$$

하지만 동치분수를 하나하나 찾지 않아도 분모가 같은 분수를 찾는 방법이 있습니다. 첫 번째 방법은 $\frac{2}{7}+\frac{3}{5}$에서 분모를 $7\times5=35$로 바꾼 분수의 합으로 고쳐 주는 것입니다. $\left(\frac{2}{7}+\frac{3}{5}\right.$ $\left.=\frac{10}{35}+\frac{21}{35}\right)$ 두 번째 방법은 7과 5의 최소공배수를 이용하여 분모가 같은 분수로 만들 수 있습니다. 7과 5의 최소공배수는 35이므로 $\frac{2}{7}+\frac{3}{5}=\frac{10}{35}+\frac{21}{35}$이 됩니다.

분모가 같은 분수의 덧셈과 분모가 다른 분수의 덧셈의 계산 원리를 잘 이해하였나요?

이번에는 분수의 곱셈에 대해 공부해 봅시다. 자연수의 곱셈을 분수의 곱셈까지 확장하여 공부하는 것은 참 재미있는 일입니다. 다음의 세 가지 문제를 잘 이해할 수 있다면, 분수의 곱셈을 다 이해할 수 있습니다. 문제를 한번 살펴볼까요?

첫 번째 문제   두 번째 문제   세 번째 문제

$\frac{1}{6}\times5$ $8\times\frac{1}{2}$ $\frac{3}{4}\times\frac{1}{3}$

첫 번째 문제 : $\frac{1}{6} \times 5$

➡ $\frac{1}{6} \times 5$는 $\frac{1}{6}$을 5번 더한 것과 같으므로 분모가 같은 분수의 덧셈을 이용하여 계산하면 $\frac{1}{6} \times 5 = \frac{1}{6} + \frac{1}{6} + \frac{1}{6} + \frac{1}{6} + \frac{1}{6}$ $= \frac{5}{6}$가 됩니다.

두 번째 문제 : $8 \times \frac{1}{2}$

➡ 8을 $\frac{1}{2}$번 곱한다는 것은 말이 되지 않습니다. 그럼 어떻게 해야 할까요? 이것을 말로 표현해 보면,

$$8의 \frac{1}{2}배 ➡ 8의 반 ➡ 4$$

어떤가요? 곱셈을 말로 읽어 보니 쉽게 답을 구할 수 있겠지요?

세 번째 문제 : $\frac{3}{4} \times \frac{1}{3}$

➡ 이번에는 조금 어려운 문제입니다. 일단 첫 번째 문제처럼 자연수의 곱셈처럼 더하기로 나타낼 수 없습니다. 그럼 두 번째 문제처럼 말로 표현해 봅시다. '$\frac{3}{4}$의 $\frac{1}{3}$.' 두 번째 문제처럼 말로 표현해도 잘 모르겠네요. 그럼 그림으로 그려 볼까요? $\frac{3}{4}$의 $\frac{1}{3}$이므로 아래 그림 $\frac{3}{4}$을 3으로 나눈 것 중의 1이 되겠네요.

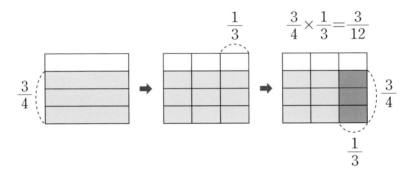

즉, $\frac{3}{4}$의 $\frac{1}{3}$은 12칸으로 나눈 것 중의 3칸이 되므로 다음과 같이 나타낼 수 있습니다.

$$\frac{3}{4} \times \frac{1}{3} = \frac{3}{12}$$

위의 식을 보고 분수의 곱셈 계산하는 방법을 찾을 수 있을까요?

$$\frac{3}{4} \times \frac{1}{3} = \frac{3 \times 1}{4 \times 3} = \frac{3}{12}$$

분모는 분모끼리 곱하고, 분자는 분자끼리 곱하면 분수의 곱셈을 쉽게 구할 수 있습니다. 그러나 분수의 곱셈을 쉽게 구하는 방법만 알고, 그 원리를 이해하지 못하면 안 되겠죠?

마지막으로 분수의 나눗셈에 대해 공부해 볼까요? 다음의 두 가지 문제를 이해한다면 분수의 나눗셈을 모두 이해할 수 있답니다. 문제를 살펴볼까요?

첫 번째 문제

$$\frac{6}{17} \div \frac{2}{17}$$

두 번째 문제

$$\frac{3}{7} \div \frac{5}{8}$$

첫 번째 문제: $\frac{6}{17} \div \frac{2}{17}$

➡ 분수의 나눗셈을 공부하기 전에 자연수의 나눗셈을 복습

해 봅시다. 10÷5의 문제를 해결하기 위해 사탕 10개를 5개씩 묶어 봅시다. 몇 묶음이 되나요?

2묶음이 됩니다. 그럼 분수의 나눗셈으로 돌아가서 $\frac{6}{17}$을 $\frac{2}{17}$씩 묶어 봅시다. 몇 묶음이 되나요?

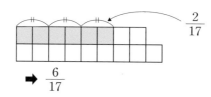

3묶음이 됩니다. 이처럼 분모가 같은 분수의 나눗셈 경우에는 분자끼리의 나눗셈만 계산해도 된다는 사실을 알 수 있습니다.

$$\frac{6}{17} \div \frac{2}{17} = 6 \div 2 = 3$$

두 번째 문제 : $\frac{3}{7} \div \frac{5}{8}$

분모가 다를 경우에 우리는 무엇을 한다고 했었나요? 네, 맞아요. '통분'입니다. 분모가 같은 분수의 나눗셈은 첫 번째 문제로 알고 있으니, 분모가 다른 분수인 두 번째 문제의 경우에는 통분하여 분모를 같게 만들고 첫 번째 문제의 방법으로 해결하면 쉽게 풀 수 있습니다.

$\frac{3}{7}$과 $\frac{5}{8}$의 동치분수를 찾아보거나 7과 8의 최소공배수를 찾아봅시다. 앞에서는 동치분수를 통하여 설명하였으니, 이번에는 최소공배수를 이용하여 설명하겠습니다.

7과 8의 최소공배수는? 맞아요. 공배수가 없으니 최소공배수는 두 수의 곱인 56입니다. 분모를 56으로 하는 분수로 고쳐 볼까요?

$$\frac{3}{7} = \frac{3 \times 8}{7 \times 8} = \frac{24}{56}$$

$$\frac{5}{8} = \frac{5 \times 7}{8 \times 7} = \frac{35}{56}$$

즉, $\frac{3}{7} \div \frac{5}{8} = \frac{24}{56} \div \frac{35}{56}$와 같습니다. 분모가 같은 분수의 나눗셈은 분자끼리의 나눗셈과 같으므로 $\frac{3}{7} \div \frac{5}{8} = \frac{24}{56} \div \frac{35}{56} =$

$24 \div 35 = \dfrac{24}{35}$ 입니다. 이 식의 중간 과정을 생략하고 비교해 보면 다음과 같이 특별한 점을 발견할 수 있습니다.

$$\frac{3}{7} \div \frac{5}{8} = \frac{24}{35} = \frac{3 \times \cancel{8}}{7 \times \cancel{5}} = \frac{3}{7} \times \frac{8}{5}$$

선생님이 동그라미 친 분수를 살펴보세요. 어디에서 많이 본 분수죠? 네, $\frac{5}{8}$의 분모와 분자의 위치를 바꾼 분수입니다. 이렇게 분모가 다른 분수의 나눗셈은 분모를 같게 하여 분자끼리의 나눗셈으로 표현하는 방법으로 계산하면 됩니다. 하지만 귀찮은 것을 싫어하는 우리 수학자들은 쉽게 계산하는 방법을 찾게 된 것입니다. 바로 나누는 수를 역수로 하여 곱하는 방법을 말이지요.

하지만 많은 학생이 분수의 나눗셈을 계산할 때 왜 뒤의 수를 역수로 하여 곱해야 하는지 이유도 모르고 단순히 계산만 하는 것을 볼 때 우리 수학자들은 참 안타깝습니다. 여러분은 앞의 내용을 잘 이해하여 단순히 계산만 하는 것이 아닌 원리를 이해하는 학생이 되었으면 합니다.

지금까지 분수의 사칙연산에 대해 알아봤습니다. 분수는 분모와 분자로 이루어졌기 때문에, 분모에 따라 계산 방법이 달라집니다. 지금까지 공부한 분수의 사칙연산은 쉬운 것 같지만, 자연수와 같이 익숙하지 않은 계산이기에 많은 연습이 필요합니다.

수업 정리

❶ 분수의 덧셈과 뺄셈

- 동분모 분수의 덧셈과 뺄셈 분모는 변함없고, 분자끼리 덧셈과 뺄셈으로 계산합니다.
- 이분모 분수의 덧셈과 뺄셈 통분하여 분모를 같게 한 후, 분자끼리 덧셈과 뺄셈으로 계산합니다.

❷ 분수의 곱셈

- (자연수)×(분수)나 (분수)×(자연수)일 경우 분수의 분자와 자연수의 곱으로 계산합니다.
- (분수)×(분수)의 계산은 분모는 분모끼리 곱하여 분모에, 분자는 분자끼리 곱하여 분자에 있게 합니다.

❸ 분수의 나눗셈

- 동분모 분수의 나눗셈 분모는 변함없고, 분자끼리 나눗셈하여 분자에 있게 합니다.
- 이분모 분수의 나눗셈 나누어지는 수와 나누는 분수의 분모와 분자의 위치를 바꾼 역수를 취하여 수를 곱하여 계산합니다.

소수를
만나다

소수가 생겨난 배경과 소수의 표기법,
읽는 방법에 대해 공부합니다.

소수가 생겨난 배경과 소수의 표기법, 읽는 방법에 대해 공부해 봅시다.

미리 알면 좋아요

분수에 대한 개념

(1) $\frac{1}{2}$, $\frac{1}{3}$, $\frac{3}{4}$과 같은 수를 분수라고 합니다.

(2) 전체를 똑같이 2로 나눈 것 중의 1을 $\frac{1}{2}$이라 쓰고, '이 분의 일'이라고 읽습니다.

스테빈의
네 번째 수업

소수는 어떻게 태어났을까?

여러분! 분수에 대해서는 잘 공부해 보았나요? 그런데 앞에서 만난 분수와 떼려야 뗄 수 없는 친구가 있어요. 바로 소수입니다. 우리가 수를 배우기 시작하면서 처음으로 자연수를 배웠고, 다음으로 분수를 배웠어요. 분수는 자연수의 나눗셈을 하다가 생겨난 것으로 기원전 1800년경부터 고대 이집트에서 사용하기 시작했답니다. 그런데 가끔은 분수로 계산하는 것이 너무 복잡하고 어려울 때가 있었어요. 그래서 그 어려움을 해결하기 위해 0보다 크고 1보다 작은 수, 즉 소수가 나타나게 되었습니다. 분수를 사용한 지 약 3000년이 지난 후에야 비로소 발명이 되었는데 그럼 지금부터 소수가 어떻게 태어나게 되었는지 타임머신을 타고 16세기 네덜란드로 한번 날아가 볼까요?

지금으로부터 약 400년 전인 16세기 후반. 당시 네덜란드는 스페인으로부터 독립 전쟁 중이었어요. 그런데 네덜란드의 군대는 독립 전쟁에 사용할 군비가 모자라 상인에게 돈을 빌려쓰고 그 이자를 함께 계산해서 갚아야만 했습니다. 그 당시 나는 벨기에 사람이었지만 네덜란드 군대의 돈을 책임지며 관리하는 회계사로 일하고 있었답니다. 그때에는 이자 계산을 분수로 했습니다. 그런데 빌린 돈에 대한 이자가 $\frac{1}{10}$일 경우에는 계산이 간단하지만 $\frac{1}{11}$, $\frac{1}{12}$과 같은 경우에는 그 계산이 굉장히 어렵고 복잡했어요. 그래서 나는 이자를 계산할 때 좀 더 편리하게 계산하는 방법을 궁리하기 시작했어요.

그러던 어느 날 좋은 생각 하나가 떠올랐답니다. 바로 이자가 $\frac{1}{10}$일 때는 계산이 간단하다고 느낀 이유를 곰곰이 생각해 보니 분모가 10의 거듭제곱이라서 통분하기 쉽기 때문이라는 것을 알아냈지요. 그러니까 이자를 계산할 때 분모를 10, 100, 1000, ……과 같이 10의 거듭제곱으로 만들어 주면 통분하기가 쉽고 따라서 이자 계산도 쉽게 할 수 있다는 사실을 알게 된 것이지요.

하지만 아직 골칫거리가 하나 남아 있었어요. 예를 들어 이런 겁니다. 다음 두 분수 중 어느 것이 더 클까요?

$$\frac{123}{1000} \ ? \ \frac{123}{10000}$$

분모의 크기가 다르므로 두 분수의 크기가 얼마인지, 한눈에 알아보기가 쉽지 않습니다. 물론 지금의 우리는 쉽게 비교하여 알 수 있지만 그 당시에는 굉장히 어려운 문제였답니다. 나는 이런 문제점을 해결하기 위해 분수에서 분모를 없애는 방법을 고민하게 됩니다. 마침내 분모에 0이 몇 개 있는지 또 분자가 몇 자리의 수인가를 한눈에 알아볼 수 있고 이자 계산도 쉽게 할 수 있도록 도와주는 놀라운 수학적 발명을 하게 되었답니다.

먼저 분수의 분모를 10, 100, 1000, …… 등의 10의 거듭제곱의 수가 되도록 고쳐 줍니다. 그다음에는 분모를 없애기 위해서

$4 + \dfrac{3}{10} + \dfrac{2}{100} + \dfrac{1}{1000}$ 을 4◎3①2②1③오늘날의 4.321과 같이 나

타내면 됩니다. 소수점을 ◎으로, 소수 첫째 자리를 ①, 둘째 자

리를 ②, 셋째 자리를 ③으로 나타내는 것이죠. 이것이 바로 최초

의 소수 표기법이랍니다. 1585년에 나는 ― 이러한 방법으로 누

구든지 이자 계산을 쉽게 할 수 있도록 ― 소수를 사용한 이자 계

산표를 책으로 만들어 많은 사람에게 도움을 주게 되었습니다.

그런데 내가 사용했던 최초의 소수 표기법은 현재 우리가 사용하는 소수의 표기법과는 조금 달랐습니다. 다행스럽게도 수학의 기호들은 좀 더 간편한 표기법으로 단순화하여 발전하는데, 내가 만든 소수의 표기법도 마찬가지로 발전하였지요.

내가 소수를 발명하고 나서도 많은 수학자가 계속해서 소수 표기법을 궁리했어요. 그래서 ' | , , , . ' 등으로 소수점 경계를 표시하는 방법이 계속하여 발명되었답니다. 오늘날 영국의 소수에 사용하는 '·'가운뎃점은 1616년에 수학자 네이피어가 처음으로 사용하기 시작했답니다. 그런데 아직 국제적으로 통일된 소수점의 표기 방법은 없답니다. 그래서 소수의 표기법이 나라마다 조금씩 달라졌습니다. 한국과 미국은 ' . '아랫점을, 영국은 '·'가운뎃점을 프랑스와 이탈리아는 ' , '콤마를 사용하여 소수를 표기하고 있습니다.

나라	소수점	소수 표기법의 예
한국, 미국	.	1.234
영국	·	1·234
프랑스, 이탈리아, 독일	,	1,234

만약 한국의 친구들이 프랑스로 여행을 갔는데 프랑스의 유명한 아이스크림 가게 앞에 아이스크림의 가격이 9,999프랑프랑스의 옛날 화폐단위 중 하나이라고 적혀져 있다면 이것을 구천 구백 구십구 프랑으로 착각할 수도 있겠지요?

분수를 소수로 바꾸려면?

이렇게 편리한 소수를 마음대로 잘 사용하려면 먼저 분수를 소수로 바꾸는 방법에 대해 잘 알고 있어야 합니다. 소수는 분수를 십진법으로 표현하려는 방법으로 등장한 수학적 아이디어입니다.

분수를 소수로 나타냄으로써 분수가 나타내는 양의 크기를 소수로 나타낼 수 있고, 분수의 양의 크기를 직관적으로 쉽게 이해할 수 있답니다.

그럼 이제 분수를 소수로 바꾸어 나타내 볼까요?

이번에는 과학실로 한번 가 봐요. 과학 실험에 많이 사용하는 비커를 잘 살펴보면 눈금이 새겨져 있습니다. 1L의 비커를 살펴보면 1L까지 눈금이 모두 10칸으로 나누어져 있습니다. 즉, 눈금

1칸의 크기는 $\frac{1}{10}$이 됨을 쉽게 알 수 있습니다. 그리고 비커의 눈금을 살펴보면 0.1이라고 소수로 쓰여 있는 것을 볼 수 있습니다. 즉, 우리는 분수 $\frac{1}{10}$을 소수 0.1로 나타내기로 약속한 것입니다. 같은 방법으로 $\frac{2}{10}$는 0.2, $\frac{3}{10}$은 0.3으로 나타낼 수 있겠죠. 그리고 소수에서는 소수점 아래 자릿값이 매우 중요한 역할을 하는데 소수점 아래 첫 번째 숫자를 '소수 첫째 자리'라고 한답니다.

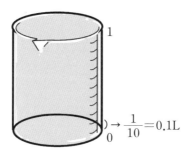

이번에는 똑같은 1L의 비커인데 단위가 mL인 비커를 살펴볼게요. 여기서 잠깐! 잘 알고 있겠지만 1L＝1000mL예요.

$$1L＝1000mL$$

음, 이번에는 1L의 눈금이 모두 1000칸으로 나누어져 있어요. 그렇다면 눈금 1칸의 크기는 $\dfrac{1}{1000}$이 됨을 알 수 있겠죠? 이것은 0.001L와 같습니다.

즉, 우리는 분수 $\dfrac{1}{1000}$을 소수로 나타낼 때 소수점 아래 자리를 늘려 0.001이라고 나타내기로 약속했어요. 이때 소수점 아래 두 번째 숫자는 '소수 둘째 자리', 소수점 아래 세 번째 숫자는 '소수 셋째 자리'라고 합니다. 같은 방법으로 계속해서 나타낼 수 있겠죠.

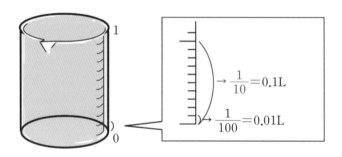

분수를 소수로 나타내는 방법을 정리해 보면 분모를 10, 100, 1000, …… 등의 10의 거듭제곱의 수로 고친 후, 단위분수가 몇 개가 되었는지 알아보고 소수점을 찍어 소수로 나타내면 됩니다.

예를 들어 $\dfrac{987}{100}$을 소수로 나타내면 어떻게 될까요?

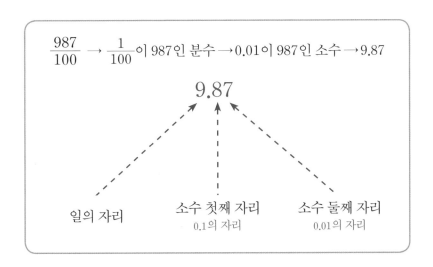

$\dfrac{987}{100}$ 은 단위분수 $\dfrac{1}{100}$ 이 987인 수입니다. 이때 $\dfrac{1}{100}=0.01$ 이므로 0.01이 987인 수와 같습니다. 따라서 9.87이 되겠죠. 이때 소수에도 자릿값이 있는데, 9.87에서 9는 '일의 자리의 숫자' 이고 이것은 9를 나타냅니다. 8은 0.1의 자리 또는 '소수 첫째 자리 숫자'이고 이것은 0.8을 나타냅니다. 7은 0.01의 자리 또는 '소수 둘째 자리 숫자'이고 이것은 0.07을 나타내게 됩니다.

소수는 어떻게 읽어야 할까?

이제 분수를 소수로 잘 나타낼 수 있겠죠? 그런데 소수를 어떻게 읽어야 할까요? 분수를 읽는 방법처럼 소수를 읽는 특별한 방법이 있답니다. 이를 위해 우리 2008년 베이징 올림픽 때의 기억을 떠올려 봅시다. 스포츠에서는 42.195km를 뛰어야 하는 마라톤 경기를 올림픽 경기의 꽃으로 비유합니다. 이봉주 선수는 2008년 베이징 올림픽에서 우리나라 국가 대표 선수로 마라톤 경기에 출전했죠. 여기서 좀 알쏭달쏭한 문제를 내겠습니다. 그때 마라톤 경기를 해설하던 아나운서는 42.195km를 어떻게 읽었을까요?

① 사십이 점 백구 오   ② 사이 점 일구오
③ 사십이 점 일구오   ④ 사이 점 백구십오

　소수를 읽는 방법은, 자연수 부분은 그대로 읽고 소수점은 '점'이라고 읽으면 됩니다. 그리고 소수점 아래의 수는 자릿값을 읽지 않고 '한 숫자, 한 숫자'씩 읽습니다. 즉, 숫자만 차례로 읽으면 된답니다. 따라서 42.195km는 '사십이 점 일구오'km라고 읽으면 되는 거지요.

　그런데 왜 소수점 아래의 수는 자릿값을 읽지 않고 한 숫자, 한 숫자씩 읽어야 할까요? 그 이유는 바로 소수를 읽을 때의 혼란스러움을 막기 위해서랍니다. 예를 들어 $\frac{20}{100}$은 100개 중에서 20개라는 뜻입니다. 이것은 $\frac{2}{10}$와 같으므로 10개 중에서 2개라는 뜻도 됩니다. 분수로 나타내면 $\frac{20}{100}=\frac{2}{10}$입니다. 이것을 소수로 나타내면 0.20＝0.2가 되겠죠. 즉, 0.2는 0.1이 2개일 수도 있고, 0.01이 20개일 수도 있습니다.

여기에서 한 가지 문제가 생겼어요. 0.1이 2개일 때는 '영 점 이'라고 읽고, 0.01이 20개일 때는 '영 점 이십'이라고 서로 다르게 읽게 된다면, 0.2는 하나인데 읽는 방법이 두 가지가 되어 헷갈릴 수 있겠죠? 더군다나 소수점 아래 숫자가 많아지면 읽는 방법은 더 많아져서 매우 혼란스러워질 겁니다. 따라서 이러한 혼란스러움을 막기 위해서 소수점 아래의 수는 숫자만 차례로 읽기로 약속했답니다.

여기서 잠깐! 0.24＝0.240＝0.2400은 그 크기가 모두 같은 수라는 것을 우리는 알 수 있습니다. 즉, 소수에서 맨 끝자리에 있는 0은 생략해도 된답니다. 따라서 소수를 쓸 때는 0.24라고 쓰고, 읽을 때는 '영 점 이사'라고 읽으면 된답니다.

여러분! 이번 시간에 우리는 새로운 수! 소수를 만나 보았어요. 어떻게 해서 소수가 태어나게 되었는지 알았고, 분수를 소수로 바꾸고 읽는 방법에 대해 공부해 보았어요. 다음 시간에는 이러한 소수를 어떻게 편리하게 계산할 수 있는지 함께 알아보도록 하겠습니다.

❶ 분수를 소수로 바꾸는 방법

① 분수의 분모를 10, 100, 1000, …… 등의 10의 거듭제곱의
수로 고칩니다.

② 단위분수가 몇 개가 되었는지 알아보고 소수점을 찍어 나타
냅니다.

$\dfrac{1}{10}=0.1$, $\dfrac{1}{100}=0.01$, $\dfrac{1}{1000}=0.001$, ……

$\dfrac{1234}{1000}$ → $\dfrac{1}{1000}$이 1234인 분수 → 0.001이 1234인 소수

1.234∅

$$1.234$$

| 일의 자리 | 소수 첫째 자리 | 소수 둘째 자리 | 소수 셋째 자리 |

❷ 소수를 읽는 방법

① 자연수 부분은 자연수처럼 읽고 소수점 아래의 수는 숫자만
차례로 읽습니다.

② 소수점 아래 있는 0은 생략합니다.

　　1.234∅　　➡ 일 점 이삼사

소수를
계산하다

소수의 덧셈과 뺄셈, 곱셈과 나눗셈의
사칙연산 원리를 공부합니다.

소수의 덧셈과 뺄셈, 곱셈과 나눗셈의 사칙연산 원리를 공부해 봅시다.

미리 알면 좋아요

1. 자연수의 대소 관계 비교하기

(1) 앞부터 차례로 비교합니다.

예를 들어 백의 자리 숫자가 같으면 십의 자리 숫자, 십의 자리 숫자가 같으면 일의 자리 숫자를 차례로 비교해서 큰 쪽이 큰 수입니다.

89765 < 98765

5678 < 5768

345 < 346

2. 자연수의 사칙연산

(1) 자연수의 덧셈과 뺄셈 하기

덧셈에서 받아올림이 있으면 바로 윗자리로 1씩 올리고, 뺄셈에서 받아내림이 있으면 바로 윗자리에서 10을 받아내려 계산합니다.

(2) 자연수의 곱셈과 나눗셈 하기

곱셈과 나눗셈에서는 계산 과정에서 자릿수를 잘 맞추어 계산합니다.

$$
\begin{array}{r}
276 \\
\times\ \ 38 \\
\hline
2208 \\
828\ \ \\
\hline
10488
\end{array}
\qquad
\begin{array}{r}
23\cdots11 \\
15\,)\overline{356}\ \ \\
30\ \ \ \\
\hline
56 \\
45 \\
\hline
11
\end{array}
$$

스테빈의
다섯 번째 수업

소수의 크기 비교하기

우리는 지난 시간에 새로운 수! 소수에 대해 잘 알아보았어요. 그런데 궁금한 점이 있어요. 소수에 대해 공부하면서 소수는 편리한 수라는 것을 알게 되었는데 과연 소수의 편리한 점은 무엇일까요? 이번 시간에는 소수의 편리한 점은 무엇인지 찾아보고 소수를 계산하는 방법을 함께 공부해 봐요.

다음에서 보듯 여러 분수와 소수가 제시되어 있습니다. 그런데 여기서 어느 것이 가장 큰 수인지 알고 싶군요. 큰 순서대로 줄을 세워 봅시다.

$$\frac{2}{5},\ \frac{3}{8},\ \frac{4}{7},\ \frac{5}{12} \quad \Rightarrow \quad \frac{4}{7},\ \frac{5}{12},\ \frac{2}{5},\ \frac{3}{8}$$

$$0.4,\ 0.375,\ 0.444,\ 0.417 \quad \Rightarrow \quad 0.444,\ 0.417,\ 0.4,\ 0.375$$

분수와 소수 중 어느 것이 크기 비교하기가 더 쉬웠나요? 분수는 분모가 같으면 크기를 비교하기가 쉬우나, 분모가 다르면 반드시 통분해야 하는 불편함이 있습니다. 그러나 소수는 앞부터 자릿수를 비교하면 되므로, 수의 크기를 비교하는 것이 분수보다 더 편리합니다. 소수는 십진법으로 표기하기 때문에 자연수의 크기 비교와 같은 방법으로 비교할 수 있습니다.

❶ 자연수 부분을 비교하여 자연수 부분이 큰 쪽이 더 큰 소수입니다.

$1 < 3 \ \rightarrow \ 1.453 < 3.049$

❷ 자연수 부분이 같은 경우에는 소수 첫째 자릿수의 크기를 비교합니다.

$5 > 4 \rightarrow 0.526 > 0.492$

❸ 자연수 부분과 소수 첫째, 둘째 자릿수의 크기가 같은 경우에는 소수 셋째 자릿수의 크기로 비교합니다.

$2 < 9 \rightarrow 6.172 < 6.179$

소수의 덧셈과 뺄셈

소수는 수의 대소 관계를 비교할 때 편리하게 사용할 수 있다는 사실을 알았어요. 그렇다면 분수와 소수 중에서 덧셈과 뺄셈을 하기에 더 편리한 수는 어떤 수일까요? 수의 대소 관계를 비교할 때처럼 분수는 분모가 같은 경우에는 덧셈과 뺄셈이 편리하답니다. 그러나 분모가 다른 경우에는 반드시 통분해야 하므로 불편합니다. 하지만 소수는 소수점의 위치만 맞추어 자연수의 연산처럼 더하고 빼면 되므로 덧셈이나 뺄셈에서 분수보다 훨씬 더 편리하답니다.

우리가 일상생활에서 접하는 여러 상황 중에는 덧셈과 뺄셈을 활용하여 해결해야 하는 경우가 많습니다. 자연수뿐만 아니라 소수도 마찬가지예요. 특히 km, m, cm, mm, kg, g 등의 단위와 관련된 덧셈과 뺄셈 문제는 실생활에서 자주 접하게 되는 상황인데 소수로 계산하면 아주 쉽게 계산할 수 있답니다.

이번에는 조금 더 복잡한 소수의 덧셈에 도전해 볼까요? 자연수가 있는 소수의 덧셈을 알아볼게요. $3.75+7.48$을 계산해 봅시다. 3.75는 $3+0.75$이며 7.48은 $7+0.48$입니다. 자연수는 자연수끼리 더하고 소수는 소수끼리 더해 주면 됩니다. 이때 중요한 것은 소수점과의 자릿수를 잘 맞춰야 합니다. 소수도 자연수와 마찬가지로 고유의 자릿값을 가지고 있거든요. 자연수의 덧셈과 마찬가지 방법으로 받아올림하여 계산하고 소수점을 그대로 내려서 찍어 줍니다. 자릿수가 다른 소수끼리의 덧셈은 소수점 아래 끝에 0이 있다고 생각하고 계산해 주면 됩니다.

$$
\begin{array}{r} 3.75 \\ +\ 7.48 \\ \hline \end{array}
\rightarrow
\begin{array}{r} \overset{1}{} \\ 3.75 \\ +\ 7.48 \\ \hline 3 \end{array}
\rightarrow
\begin{array}{r} \overset{1\ 1}{} \\ 3.75 \\ +\ 7.48 \\ \hline 11\ 23 \end{array}
\rightarrow
\begin{array}{r} 3.75 \\ +\ 7.48 \\ \hline 11.23 \end{array}
$$

$$
\begin{array}{r}
21.76 \\
+\ \ 9.405 \\
\hline
\end{array}
\quad \rightarrow \quad
\begin{array}{r}
21.760 \\
+\ \ 9.405 \\
\hline
\end{array}
\quad \rightarrow \quad
\begin{array}{r}
{\scriptstyle 11} \\
21.760 \\
+\ \ 9.405 \\
\hline
31\ 165
\end{array}
\quad \rightarrow \quad
\begin{array}{r}
21.760 \\
+\ \ 9.405 \\
\hline
31.165
\end{array}
$$

소수의 뺄셈도 같은 방법으로 계산합니다.

$$
\begin{array}{r}
5.42 \\
-\ 4.16 \\
\hline
\end{array}
\rightarrow
\begin{array}{r}
{\scriptstyle 3\ 10} \\
5.\cancel{4}2 \\
-\ 4.16 \\
\hline
\end{array}
\rightarrow
\begin{array}{r}
{\scriptstyle 3\ 10} \\
5.\cancel{4}2 \\
-\ 4.16 \\
\hline
1\ 26
\end{array}
\rightarrow
\begin{array}{r}
5.42 \\
-\ 4.16 \\
\hline
1.26
\end{array}
$$

$$
\begin{array}{r}
35.42 \\
-\ 8.167 \\
\hline
\end{array}
\rightarrow
\begin{array}{r}
35.420 \\
-\ 8.167 \\
\hline
\end{array}
\rightarrow
\begin{array}{r}
{\scriptstyle 2\ 10 \quad 3\ 11\ 10} \\
\cancel{3}5.\cancel{4}\cancel{2}0 \\
-\ 8.167 \\
\hline
27\ 253
\end{array}
\rightarrow
\begin{array}{r}
35.420 \\
-\ 8.167 \\
\hline
27.253
\end{array}
$$

소수의 덧셈과 뺄셈은 자연수의 덧셈과 뺄셈처럼 계산해 주
면 됩니다. 이때, 가장 중요한 것은 소수 자릿수를 잘 맞추어 계
산하고 소수점을 잊지 말고 꼭 찍어 주어야 한다는 것입니다.

소수의 곱셈과 나눗셈

우리 생활 속에서 소수의 곱셈과 나눗셈이 유용하게 사용되는 경우를 생각해 볼까요?

슈퍼에서 1.6L짜리 음료수를 3병 샀다면 음료수 전체의 양은 얼마일까요? 물론 3병 정도는 소수의 덧셈으로 $1.6+1.6+1.6=4.8$L로 가볍게 계산할 수도 있답니다. 그런데 1.6L짜리 음료수를 13병 샀다면 음료수 전체의 양은 얼마일까요? 쉽게 계산되지 않을뿐더러 이를 소수의 덧셈으로 계산하는 것은 불편하겠죠. 이때 소수의 곱셈을 활용할 수 있답니다.

소수의 곱셈 역시 자연수의 곱셈과 같은 방법으로 계산하고 난 후, 소수점의 자리를 맞추어 찍으면 됩니다. 이때 소수점의 위치는 곱하는 수와 곱해지는 수의 소수점 아래의 자릿수를 합한 것과 같습니다.

$$
\begin{array}{r}
1.6 \leftarrow \text{소수점 아래 숫자 1개} \\
\times \quad 3 \\
\hline
4.8 \leftarrow \text{소수점 아래 숫자 1개}
\end{array}
$$

$$
\begin{array}{r}
1.6 \leftarrow \text{소수점 아래 숫자 1개} \\
\times \quad 1.3 \leftarrow \text{소수점 아래 숫자 1개} \\
\hline
4\,8 \\
1\,6 \\
\hline
2.0\,8 \leftarrow \text{소수점 아래 숫자 2개}
\end{array}
$$

조금 더 복잡한 소수의 곱셈도 해 볼까요? 1.25×2.3을 계산해 봅시다. 먼저 자연수의 곱셈처럼 소수의 곱셈을 계산합니다. 다음으로 가장 중요한 것은 소수 곱의 소수점 위치를 찾는 일입니다.

1.25의 경우 소수점 아래 숫자가 2개, 2.3의 경우 소수점 아래 숫자가 1개 있으므로 곱의 소수점 위치는 소수점 아래 숫자가 3개이면 됩니다.

$$
\begin{array}{r}
1.2\,5 \quad \text{← 소수점 아래 숫자 2개}\\
\times \quad\ 2.3 \quad \text{← 소수점 아래 숫자 1개}\\
\hline
3\,7\,5 \qquad\qquad\qquad\quad\ \\
2\,5\,0 \qquad\qquad\qquad\qquad\ \\
\hline
2.8\,7\,5 \quad \text{← 소수점 아래 숫자 3개}
\end{array}
$$

이번에는 1.6L의 음료수를 2명이 똑같이 나누어 마셔 볼까요? 나눗셈 계산을 하지 않아도 우리는 1명이 0.8L씩 마셔야 한다는 것을 바로 알 수 있어요. 그런데 이것을 5명이 나누어 마신다면 1명은 몇 L의 음료수를 마실 수 있을까요? 바로 알기는 어려운데, 이때 우리는 소수의 나눗셈을 유용하게 사용할 수 있답니다. 소수의 나눗셈은 크게 두 가지 방법으로 계산할 수가 있어요.

❶ 소수를 분수로 고쳐서 계산할 수 있습니다.

$$1.6 \div 5 = \frac{16}{10} \div 5 = \frac{16}{10} \times \frac{1}{5} = \frac{16}{50} = \frac{16 \times 2}{50 \times 2} = \frac{32}{100} = 0.32$$

❷ 자연수의 나눗셈과 같은 방법으로 계산할 수 있습니다. 자연수의 나눗셈과 같은 방법으로 계산하고 몫의 소수점을, 나누어지는 수의 소수점의 자리에 맞추어 찍어 주면 됩니다. 자연수의 계산 형식과 똑같은데 계산 도중에 소수점을 찍는 것만 다릅니다. 몫이 나누어떨어지지 않을 때에는 나누어지는 수의 소수점 아래 0이 계속 있는 것으로 보고 자연수의 계산 형식과 똑같게 하면서 계산 도중에 소수점을 찍는 것만 다릅니다. 0을 내려 줄 수 있는 이유는 13.2의 경우 2는 몫의 0.1자리에서는 값이 2이지만 0.01의 자리에서는 20이 되기 때문입니다.

```
       0.32
  5 ) 1.60
      1 5↓
        10
        10
         0
```

그런데 나누는 수가 소수일 때는 어떻게 계산할 수 있을까요? 이때, 가장 중요한 것은 나누는 수를 자연수로 만들어 주는 것입니다. 나누는 수의 소수점을 옮겨 자연수로 만들어 주고, 옮긴 소수점의 위치만큼 나누어지는 수의 소수점의 위치도 옮겨 줍니다. 그리고 자연수의 나눗셈과 같은 방법으로 계산한 후 소수점을 잘 찍어 주면 된답니다.

$$1.2\overline{)3.12} \quad \rightarrow \quad 12.\overline{)31.2} \quad \rightarrow \quad 12\overline{)31.2}$$

그러나 곱셈과 나눗셈은 분수가 훨씬 더 편리하다고 할 수 있습니다. 분수의 곱셈은 약분할 수 있기 때문에 소수의 곱셈에 비해 조금 더 쉬울 수 있습니다. 소수의 나눗셈은 나누어떨어지지 않는 경우가 있기 때문에 분수가 조금 더 편리할 수 있습니다.

즉, 수의 크기를 비교하거나 덧셈과 뺄셈을 할 때는 소수가 분수보다 편리하고, 곱셈이나 나눗셈을 할 경우는 분수가 더 편리할 수 있답니다. 여러분은 분수와 소수의 사칙연산을 모두 잘 알고 있으니까 상황에 맞게 선택해서 사용해 보는 건 어떨까요? 이제부터 분수와 소수의 계산은 여러분의 몫이랍니다.

그런데 우리가 지금까지 공부한 분수와 소수 말고 또 새로운 수의 세계가 기다리고 있다고 해요. 궁금하죠? 다음 시간에는 또 다른 수의 세계로 여러분을 안내할게요.

① 소수 크기 비교하기

자연수처럼 앞에서부터 차례로 비교하여, 같은 자릿수에서 더 큰 숫자가 있는 수가 더 큰 수입니다.

$4 < 5 \rightarrow 4.453 < 5.049$

$7 > 6 \rightarrow 0.726 > 0.692$

$8 < 9 \rightarrow 6.178 < 6.179$

② 소수의 덧셈과 뺄셈

① 소수점의 위치를 맞추어 소수를 적습니다.

② 자연수의 덧셈, 뺄셈과 같은 방법으로 계산합니다.

③ 덧셈과 뺄셈의 결과에 소수점을 그대로 내려 찍어 줍니다.

tip. 소수 자릿수가 다를 때는 소수점 아래 끝에 0이 있다고 생 각하고 계산합니다.

③ 소수의 곱셈

① 자연수의 곱셈과 같은 방법으로 계산합니다.

② 곱의 소수점 위치는 곱하는 수와 곱해지는 수의 소수점 아래 자릿수를 합합니다.

```
      2.5 4  ← 소수점 아래 숫자 2개
  ×    3.6  ← 소수점 아래 숫자 1개
  ─────────
    1 5 2 4
    7 6 2
  ─────────
    9.1 4 4  ← 소수점 아래 숫자 3개
```

❹ 소수의 나눗셈

① 소수를 분수로 고쳐서 계산합니다.

② 자연수의 나눗셈과 같은 방법으로 계산하고 몫의 소수점은 나누어지는 수의 소수점의 자리와 같습니다.

tip. 1) 몫이 나누어떨어지지 않을 때에는 나누어지는 수의 소수점 아래 0이 계속 있는 것으로 보고 계산합니다.

2) 나누는 수가 소수일 때는 나누는 수의 소수점을 옮겨 자연수로 만들어 주고, 옮긴 소수점의 위치만큼 나누어지는 수의 소수점의 위치도 옮겨 계산합니다.

유리수의
세계

유리수의 정의와 유리수의 포함관계,
유리수의 조밀성에 대해 공부합니다.

유리수를 이해하고, 정수와 유리수의 포함관계를 알 수 있습니다.

미리 알면 좋아요

1. **정수**

　(1) 양의 정수 : 자연수

　(2) 음의 정수 : 자연수에 -를 붙인 수

　(3) 0

2. **정수의 포함관계**

정수

양의 정수자연수
1, 2, 3, 4, ……

음의 정수
$-1, -2, -3,$ ……

0

스테빈의
여섯 번째 수업

안녕하세요? 여러분. 지금까지 우리는 분수와 소수의 탄생, 종류, 사칙연산에 대해 공부했습니다. 오늘은 유리수의 세계에 대해 배워 보도록 해요. 우리가 아는 지식에서 한 단계 높아진 새로운 수의 범위에 대해 공부해 보는 시간입니다.

학생들과 스테빈 선생님은 벌써부터 마음이 들뜨는지 서로를 바라보는 눈빛이 초롱초롱합니다.

유리수의 세계

다음에는 여러분이 너무도 잘 아는 수들이 제시되어 있습니다.

$$2,\ -5,\ \frac{5}{2},\ -\frac{5}{7},\ 0,\ 3,\ -1,\ 0.4,\ -7.2,\ \frac{7}{12},\ -\frac{3}{8}$$

이 수들을 다음의 그릇에 분류하여 담아 볼까요? 위에 제시된 숫자는 모두 유리수입니다. 유리수는 '양의 정수_{자연수}, 0, 음의 정수, 정수가 아닌 유리수'로 구성되어 있습니다. 이러한 유리수의 포함관계를 살펴보면 다음과 같이 분류하여 담을 수 있습니다.

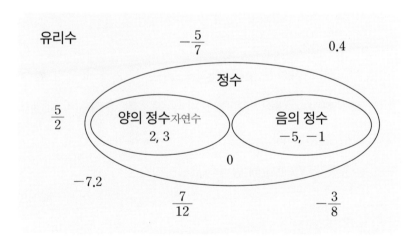

이처럼 분자, 분모(단, 분모≠0)를 정수인 분수로 나타낼 수

있는 수를 모두 유리수라고 합니다.

유리수는 $\frac{a}{b}$(단, $b \neq 0$)의 모양으로 표현할 수 있답니다. 그런데 왜 분수라고 부르지 않고 유리수라고 부를까요? 초등학교에서는 분수라고 배우는데, 중학교에서는 왜 유리수라고 배울까요? 이제부터 그 이유에 대해 알아봅시다.

우리는 앞서 두 번째 수업에서 동치분수를 배웠습니다. 가령

$\dfrac{1}{2}, \dfrac{2}{4}, \dfrac{3}{6}, \dfrac{4}{8}, \cdots\cdots$ 는 모두 동치분수입니다. 이 분수들은 약분하면 모두 $\dfrac{1}{2}$ 이지만 분수로는 모두 다른 의미가 있습니다. $\dfrac{1}{2}$ 은 2로 나눈 것 중의 1개, $\dfrac{4}{8}$ 는 8개 중의 4개를 의미합니다. $\dfrac{1}{2}$ 은 위의 동치분수 중 1개를 의미하고 기약분수로서 위의 분수들을 대표하는 수라고 할 수 있습니다. 이처럼 $\dfrac{1}{2}$ 은 각각의 분수는 다르지만 모두 $\dfrac{1}{2}$ 이라는 하나의 유리수라고 할 수 있습니다.

좀 더 이해를 돕기 위해 다른 예를 들어 보겠습니다. 우리 집에는 어머니, 아버지, 나, 형, 누나, 동생이 있습니다. 이것을 집합이라는 수학적 표현을 사용하여 나타내 보면, 유리수를 우리 집이라고 볼 때, 우리 집의 구성원 어머니, 아버지, 나, 형, 누나, 동생을 분수라고 할 수 있습니다. 이를 정리하여 나타내면 다음과 같습니다.

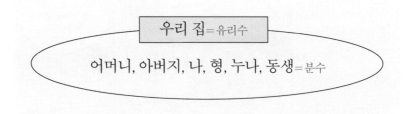

$\frac{1}{2} = \left(\frac{2}{4}, \frac{3}{6}, \frac{4}{8}, \cdots\cdots \right)$일 때, $\frac{1}{2}$은 집합을 대표로 하는 유리수이고 $\frac{2}{4}, \frac{3}{6}, \frac{4}{8}, \cdots\cdots$는 각 부분을 나타내는 분수라고 할 수 있습니다. 하지만 이 집합의 대표를 꼭 $\frac{1}{2}$만 할 수 있는 것은 아닙니다. $\frac{2}{4}, \frac{3}{6}, \frac{4}{8}$도 이 집합의 대표가 될 수 있습니다. 이처럼 집합은 같아도 그 집합의 대표는 다를 수가 있습니다. 즉, 여기에서는 어떤 수를 대표로 삼아도 다 가능하기 때문에, 유리수는 대표를 민주적인 방식으로 뽑는답니다. 또 유리수는 분수와 다른 점이 있습니다. 우리가 초등학교 때 배운 분수 중에 $\frac{4}{2} = 2$를 생각해 봅시다. $\frac{4}{2}$는 분수이지만 $\frac{4}{2}$를 약분하여 나타낸 2는 정수입니다. $\frac{4}{2}$와 2는 이처럼 같은 수를 다르게 표현했기 때문에 각각 다른 이름으로 불리지만 $\frac{4}{2}$와 2는 모두 유리수라 불릴 수 있습니다. $\frac{2}{1}, \frac{4}{2}, \frac{6}{3}, \frac{8}{4}$ 모두 분수이지만, 결국에는 약분해 보면 정수_{자연수}가 됩니다. 하지만 이것이 분수이든지 정수이든지 모두 유리수랍니다.

그런데 $\frac{1}{0}$은 왜 유리수가 될 수 없을까요? 이것은 첫 시간에 학습했던 분수의 의미를 다시 생각하면 알 수 있습니다. 분수는 어떤 것을 나누는 행동에서 생겨났다고 하였습니다. 1개의 물건을 0개로 나눈다는 것은 말이 되질 않습니다. 전자계산기

에 $1 \div 0$이나 $0 \div 0$을 입력하면 Eerror라는 메시지가 뜨는 이유
도, 위와 같다고 볼 수 있습니다.

다른 예를 들어 볼까요? 우리가 자동차 속력을 100km/h라
고 표현하면 1시간에 100km를 간다는 뜻입니다. 그럼 $\dfrac{100}{3}$
km/h의 의미는 3시간에 100km를 간다는 뜻이 됩니다. 만약
속력이 $\dfrac{1}{0}$km/h인 자동차가 존재한다면, 이 차는 0시간 동안
1km를 간다는 뜻이 됩니다. 그런데 이러한 차는 존재할 수 없
겠죠? 따라서 유리수분수에서는 분모가 0이 되는 수가 존재할
수 없답니다.

자, 이번에는 다음의 유리수를 수직선에 나타내 봅시다.

$$-3.5, \ -1, \ -\frac{2}{3}, \ 2.25, \ \frac{7}{2}$$

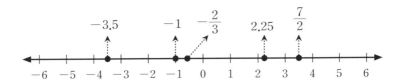

모든 유리수는 이처럼 수직선에 나타낼 수 있습니다. 수직선의 왼쪽에 있는 유리수는 수직선의 오른쪽에 있는 유리수보다 작습니다. 즉, 유리수는 크기 비교가 가능합니다. 자, 위의 수직선에서 2.25와 $\frac{7}{2}$ 사이를 확대하여 나타내 보겠습니다.

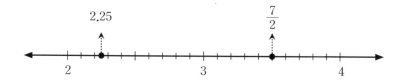

2.25와 $\frac{7}{2}$ 사이에는 다른 유리수가 존재할까요? 존재하는 유리수에는 어떤 것들이 있을까요? 가장 쉽게 찾을 수 있는 유리수에는 3이 있습니다. 그럼 3과 $\frac{7}{2}$ 사이에는 또 다른 유리수가 존재할까요? 어떤 유리수가 있을까요? 자, 여기에 유리수의 특별한 성질이 숨겨 있답니다.

3을 분수로 고치면 $\frac{6}{2}$이 됩니다. $\frac{6}{2}$과 $\frac{7}{2}$ 사이에는 다른 유리수가 존재한다고 생각합니까? 잘 모르겠다고요? 그럼 $\frac{6}{2}$과 $\frac{7}{2}$을 다르게 표현해 보겠습니다. $\frac{12}{4}$와 $\frac{14}{4}$로 바꾸었다면, 두 유리수 사이에는 $\frac{13}{4}$이라는 또 다른 유리수가 존재합니다.

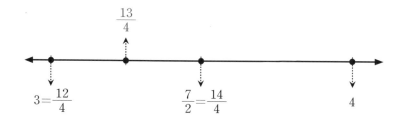

그러면 $\frac{13}{4}$과 $\frac{14}{4}$ 사이에는 또 다른 유리수가 존재할까요? 자, 이번에도 $\frac{13}{4}$과 $\frac{14}{4}$의 모양을 바꾸어 봅시다. $\frac{26}{8}$과 $\frac{28}{8}$로 바꾸었다면, 두 유리수 사이에는 $\frac{27}{8}$이라는 유리수가 존재합니다.

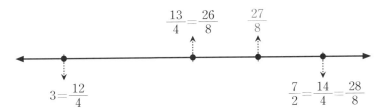

$$\frac{13}{4}=\frac{26}{8} \qquad \frac{27}{8}$$

$$3=\frac{12}{4} \qquad\qquad \frac{7}{2}=\frac{14}{4}=\frac{28}{8}$$

이처럼 유리수와 유리수 사이에는 또 다른 유리수가 존재합니다.

조금 어려운 말로 다시 표현한다면, '유리수와 유리수 사이에는 무한히 많은 유리수가 있다.'라고 할 수 있습니다. 이것을 유리수의 조밀성_{임의의 두 실수 사이에는 유리수가 존재한다}이라고 한답니다.

　　지금까지 유리수라고 불리는 이유와 유리수의 성질에 대해 공부해 보았습니다. 이제는 새로운 용어 '유리수'가 왠지 친숙하다고요? 왠지 모르게 선생님은 뿌듯해지는데요? 무엇보다 이처럼 유리수가 친숙한 이유는 아마 우리가 지금까지 알고 있었던 수가 모두 유리수였던 까닭도 있을 것 같군요. 이제 유리수라는, 민주적이고 멋진 표현을 많이 사용해 주세요.

❶ 유리수와 분수

• 유리수 분자, 분모(단, 분모≠0)를 정수인 분수로 나타낼 수 있는 수를 모두 유리수라고 합니다.

• 분수 이러한 유리수 각 부분을 분수라고 합니다.

❷ $\dfrac{1}{0}$ 인 유리수는 존재할 수 없습니다.

❸ 유리수의 크기

수직선에서 왼쪽에 있는 유리수보다 오른쪽에 있는 유리수가 더 큽니다.

❹ 유리수의 조밀성

임의의 두 실수 사이에는 유리수가 존재합니다. 즉, 유리수와 유리수 사이에는 또 다른 유리수가 존재합니다.

유리수를
계산하다

유리수의 사칙연산에 대해 공부합니다.

1. 유리수의 계산 원리를 이해할 수 있습니다.
2. 유리수의 계산을 익숙하게 할 수 있습니다.

미리 알면 좋아요

1. 정수의 덧셈

절댓값의 합에 공통된 부호를 붙입니다.

2. 정수의 뺄셈

절댓값의 차에 절댓값이 큰 쪽의 부호를 붙입니다.

3. 정수의 곱셈

- 부호가 같은 경우 : 두 수 절댓값의 곱에 양의 부호+를 붙입니다.
- 부호가 다른 경우 : 두 수 절댓값의 곱에 음의 부호−를 붙입니다.

4. 정수의 나눗셈

- 부호가 같은 경우 : 두 수 절댓값의 나눗셈 몫에 양의 부호+를 붙입니다.
- 부호가 다른 경우 : 두 수 절댓값의 나눗셈 몫에 음의 부호−를 붙입니다.

스테빈의
일곱 번째 수업

안녕하세요, 여러분. 지난 시간에 공부한 유리수에 대해 잘 기억하고 있나요? 오늘은 지난 시간에 공부한 유리수의 계산법에 대해 좀 더 자세히 공부해 보도록 해요.

유리수를 어떻게 계산할까?

먼저 유리수의 사칙연산을 학습하도록 하겠습니다. 다들 준

비되었겠죠? 선우 학생의 집에서 무슨 일이 벌어지고 있네요.
함께 가 볼까요?

"엄마, 내 실내화 어디 있어요?"

"네가 서 있는 곳에서 5걸음 앞으로 가 보렴."

"여기 TV 선반 위에요?"

"아이고, 너무 많이 갔구나. 다시 2걸음 뒤로 가 보렴."

"아, 여기 화분 옆에 있구나!"

선우 학생이 실내화를 찾고 있었군요. 눈치를 챈 친구들도 있겠지만 엄마와 선우의 대화 내용을 보면 그 속에 오늘 배울 내용이 숨겨져 있습니다. 벌써 알아 버린 친구들도 있네요. 자, 엄마가 선우에게 실내화가 놓인 위치를 설명했는데 처음에는 앞으로 5걸음, 그다음에는 뒤로 2걸음 했습니다. 그럼 선우는 처음 위치에서 몇 걸음 간 것일까요? 앞으로 가는 것을 ＋, 뒤로 가는 것을 ―로 하여 수직선에 나타내 보면 다음과 같습니다.

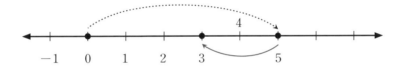

선우는 처음 위치에서 3걸음 앞으로 간 위치에서 실내화를 찾게 되었습니다. 이것을 식으로 표현하면, $(+5)+(-2)$ ＝＋3과 같이 됩니다. 이처럼 부호가 다른 유리수의 합을 구하는 방법은 다음과 같이 간단하게 정리할 수 있습니다.

(양수의 절댓값)＞(음수의 절댓값)이면,

(두 수의 합)＝＋(절댓값의 차)

$$（양수의 절댓값）<（음수의 절댓값）이면,$$

$$（두 수의 합）=-（절댓값의 차）$$

자, 그럼 이런 문제는 어떻게 해결할 수 있을까요? 오늘 서울 기온은 영하 3℃−3℃이고, 강릉 기온은 영하 10℃−10℃라고 합니다. 그러면 서울은 강릉보다 얼마나 기온이 더 높을까요? 여러분의 이해를 돕기 위해 온도계를 그려 봅시다.

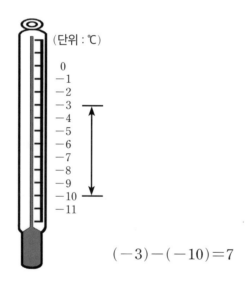

$$（-3）-（-10）=7$$

서울과 강릉의 온도 차이는 7℃입니다. 이것을 통해 우리는 유리수의 뺄셈을 이해할 수 있습니다.

$A-B=A+(-B)$로 바꾸어 계산한다.

자, 이제 조금 어려운 문제를 내 볼까요?

…… $(-1) \times 3 = -3$ ⇨ $(-1) \times 2 = -2$ ⇨
$(-1) \times 1 = -1$ ⇨ $(-1) \times 0 = 0$ ⇨ $(-1) \times -1 = ?$

위의 표에서 −1이 3개이면 −3이 되고, −1에 곱하는 수를 하나씩 줄여 가게 되면 그 답은 하나씩 늘어나게 되는 것을 알 수 있습니다. 그렇다면 −1에 −1을 곱하면 얼마가 될까요? 믿기 어렵겠지만, '(음수)×(음수)=(양수)'가 된답니다. 위의 표를 이어서 완성해 볼까요?

…… ⇨ $(-1) \times 3 = -3$ ⇨ $(-1) \times 2 = -2$ ⇨
$(-1) \times 1 = -1$ ⇨ $(-1) \times 0 = 0$ ⇨ $(-1) \times (-1) = 1$ ⇨
$(-1) \times (-2) = 2$ ⇨ $(-1) \times (-3) = 3$ ⇨ ……

19세기 이전 수학자들은 음수는 상상에서 존재하는 수로 여

기거나 음수끼리의 곱셈에 의문을 제기하기도 하였습니다. 19세기가 되어서야 비로소 한켈과 피콕이라는 수학자에 의해서 음수의 존재성을 거부할 수 없게 되었습니다. 음수에 대해 더 궁금한 학생들은 《한켈이 들려주는 정수 이야기》를 읽어 보세요.

자, 이번에는 마라톤 현장으로 가 볼까요? 마라톤 선수가 서쪽을 향해 시속 5km(−5km)로 달리고 있습니다. 동쪽으로 가는 것을 양수, 서쪽으로 가는 것을 음수라고 하고, 현재 0지점을 기준으로 이후의 시간을 +, 이전의 시간을 −라고 한다면 마라톤 선수의 위치는 다음과 같이 변할 것입니다.

0지점을 기준으로, 2시간 전의 위치는 +10km이고, 2시간

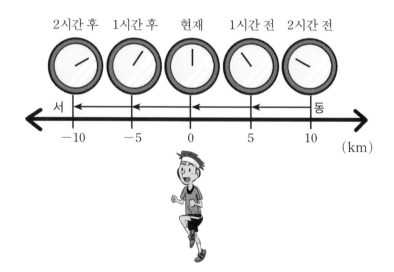

후의 위치는 −10km임을 알 수 있습니다. 한눈에 알아보기 쉽게 표로 정리해 볼까요?

2시간 후 → 서쪽 10km 지점	$(-5) \times (+2) = -10$
1시간 후 → 서쪽 5km 지점	$(-5) \times (+1) = -5$
현재 → 기준점 0	$(-5) \times 0 = 0$
1시간 전 → 동쪽 5km 지점	$(-5) \times (-1) = +5$
2시간 전 → 동쪽 10km 지점	$(-5) \times (-2) = +10$

2시간 후 시간은 양수가 되지만, 마라토너가 가는 방향은 음수가 됩니다. 따라서 지금의 위치에서 서쪽으로 10km 떨어진 지점 즉, −10이 됩니다.

이와 반대로 2시간 전에는 마라토너가 가는 방향은 음수이고, 시간 또한 현재보다 전이므로 음수가 되어 동쪽으로 10km 떨어진 지점 +10이 됩니다.

자, 이제 '(음수)×(음수)=(양수)'인 것을 잘 이해할 수 있나요?

위의 문제를 이해한 여러분에게 좀 더 어려운 문제를 하나 내
볼까요? 마라토너가 지금 서쪽으로 시속 5km의 속도로 뛰고
있지요. 현재 위치가 0이라면, 마라토너가 동쪽 15km 위치한
때는 언제일까요?

벌써 답을 구했다고요? 굉장히 빠른 친구들이 있네요. 위에
서 규칙을 찾아 해결한 친구도 있고, 그림으로 해결한 친구도

있네요. 친구들의 해결 방법을 한번 봅시다. 규칙을 찾아 해결한 친구는 '1시간 전 → 동쪽 5km 지점, 2시간 전 → 동쪽 10km 지점'이므로 3시간 전이라는 답을 찾아내었군요. 그림으로 해결한 친구는 이렇게 해결하였군요.

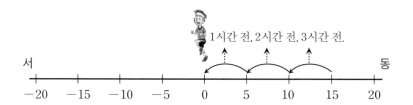

마라토너의 위치 동쪽 15km는 +15로, 마라토너가 서쪽으로 5km의 속도로 뛰는 것은 −5로 생각하여 식을 세운다면 $(+15) \div (-5) = -3$이 되겠죠. 이것으로 유리수의 나눗셈을 해결하는 방법을 찾을 수 있습니다. 유리수의 나눗셈도 곱셈과 마찬가지로 다음과 같이 부호를 결정할 수 있어요.

유리수의 곱셈	유리수의 나눗셈
$(+) \times (+) = (+)$	$(+) \div (+) = (+)$
$(+) \times (-) = (-)$	$(+) \div (-) = (-)$
$(-) \times (+) = (-)$	$(-) \div (+) = (-)$
$(-) \times (-) = (+)$	$(-) \div (-) = (+)$

자, 지금까지 유리수를 어떻게 계산하는지 공부해 보았습니다. 정수와 분수의 사칙연산과 비슷하거나 같은 점이 많이 있죠? 정수의 사칙연산과 분수의 사칙연산을 잘 이해하는 학생이라면 유리수의 사칙연산도 문제없습니다. 계산하는 수가 음수인지 양수인지를 잘 고려하여 계산해야 한다는 점만 주의하면 쉽게 해결할 수 있습니다. 다음 시간에는 소수의 종류에 대해 공부해 보도록 해요.

수업 정리

❶ 유리수의 덧셈

- (양수의 절댓값) > (음수의 절댓값)이면,

$$(두 수의 합) = + (절댓값의 차)$$

- (양수의 절댓값) < (음수의 절댓값)이면,

$$(두 수의 합) = - (절댓값의 차)$$

❷ 유리수의 뺄셈

$A - B = A + (-B)$로 바꾸어 계산합니다.

❸ 유리수의 곱셈

- 부호가 같은 경우 두 수 절댓값의 곱에 양의 부호+를 붙입니다.

- 부호가 다른 경우 두 수 절댓값의 곱에 음의 부호-를 붙입니다.

❹ 유리수의 나눗셈

* 부호가 같은 경우 두 수 절댓값의 나눗셈 몫에 양의 부호+를 붙입니다.

* 부호가 다른 경우 두 수 절댓값의 나눗셈 몫에 음의 부호−를 붙입니다.

유리수의 곱셈	유리수의 나눗셈
$(+) \times (+) = (+)$	$(+) \div (+) = (+)$
$(+) \times (-) = (-)$	$(+) \div (-) = (-)$
$(-) \times (+) = (-)$	$(-) \div (+) = (-)$
$(-) \times (-) = (+)$	$(-) \div (-) = (+)$

8교시

소수의
종류

소수의 종류와 여러 소수 관계에 대해 공부합니다.

소수의 종류와 여러 소수의 관계에 대해 공부해 봅시다.

미리 알면 좋아요

1. 정수와 유리수 알기

- **정수** 양의 정수_{자연수}, 0, 음의 정수를 통틀어 정수라고 합니다.

  양의 정수＝{1, 2, 3, 4, ……}

  음의 정수＝{－1, －2, －3, －4, ……}

  0은 양의 정수도 음의 정수도 아닙니다.

- **유리수** 분자, 분모(단, 분모≠0)를 정수인 분수로 나타낼 수 있는 수를 유리수라고 합니다.

2. 정수와 유리수의 포함관계

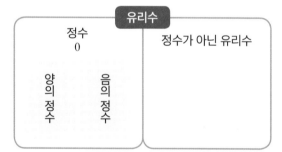

스테빈의
여덟 번째 수업

유한소수 VS 무한소수

지난 시간에는 유리수에 대해 공부했죠. 유리수란 어떤 수인
가요? 잘 알고 있겠지만 분자, 분모(단, 분모≠0)를 정수인 분
수로 나타낼 수 있는 수를 유리수라고 합니다. 이러한 유리수
는 그 분자를 분모로 나누어 소수로 나타낼 수도 있답니다.
$\frac{1}{4}, \frac{2}{3}, \frac{4}{5}, \frac{5}{6}$ 를 각각 소수로 나타내어 볼까요?

$$\frac{1}{4}=0.25, \quad \frac{2}{3}=0.666\cdots\cdots, \quad \frac{4}{5}=0.8, \quad \frac{5}{6}=0.8333\cdots\cdots$$

이때 0.25, 0.8과 같이 소수점 아래의 0이 아닌 숫자가 유한 개인 소수를 유한소수라고 합니다. 예를 들어 0.123456789123 456789처럼 소수점 아래 0이 아닌 숫자가 아무리 많이 있더라도 셀 수 있다면 이것은 유한소수입니다.

그런데 0.666⋯⋯, 0.8333⋯⋯은 소수점 아래의 0이 아닌 숫자를 셀 수 있나요? 정확히 몇 개인지 셀 수 없습니다. 이렇게 소수점 아래의 0이 아닌 숫자가 무수히 많은 소수는 무한소수라고 합니다. 그 대표적인 예가 원주율 $\pi=3.141592\cdots\cdots$일 것입니다.

순환소수란 무엇일까?

무한소수 중에는 0.2222……, 0.2555……와 같이 소수점 아래의 어떤 자리부터 몇 개의 숫자들이 계속 반복되어 나타나는 조금 특별한 무한소수가 있습니다. 우리 몸의 혈액이 몸에서 계속 돌면서 순환되고 있는 것처럼 몇 개의 숫자들이 계속 반복되면서 순환되고 있는 것과 같습니다. 이렇게 소수점 아래의 어떤 자리에서부터 일정한 숫자의 배열이 한없이 되풀이되는 무한소수를 순환소수라고 합니다. 이때 일정하게 되풀이되어 나타나는 처음 한 부분을 순환마디라고 합니다.

순환소수의 소수점 아래 끝없이 되풀이되는 숫자를 모두 적으려면 정말 힘들겠죠? 그래서 순환소수를 어떻게 나타낼까 여러 방법으로 고민하다가 순환마디의 양끝 숫자 위에 점을 찍어서 표시해 주기로 했답니다. 이를테면 3.275275275……를 간단히 3.2̇75̇와 같이 나타냅니다. 아마 수학에서 유일하게 점이 찍힌 숫자가 쓰이는 것은 바로 순환소수일 거예요.

순환소수	순환마디	순환소수로 나타내기
0.3333	3	0.3̇
0.7555	5	0.75̇
1.5656	56	1.5̇6̇
2.345345345	345	2.3̇45̇

그러나 이와 같은 표시 방식이 정확히 언제부터 사용되었는지는 분명하지 않습니다. 대체로 소수점이 널리 받아들여진 이후로, 지금으로부터 약 150년 전후인 것으로 보입니다. 수학자 마시가 1742년에 순환마디의 첫 숫자와 마지막 숫자 위에 점을 찍어 순환소수를 구별해서 나타내기 시작하면서 순환소수 표기 방법이 만들어졌다고 합니다. 그러나 우리가 사용하는 현재의 순환소수 표기 방법은 어느 한 사람이 고안해 낸 것이 아니

라 여러 사람이 사용했던 기호들이 점점 변형되어 오다가 지금
의 표기 방법으로 정착된 것 같습니다.

여러분도 새로운 수학 기호를 생각해 낼 수 있는 충분한 가능
성이 있답니다. 그러므로 항상 수학에 대한 관심을 두고 의문
을 가져 보세요.

유한소수, 무한소수, 순환소수 관계

지금까지 우리가 공부한 소수 종류에는 어떤 것들이 있었나요? 유한소수, 무한소수, 순환소수가 있습니다. 그런데 이 셋은 어떤 관계일까요? 그리고 유리수와는 또 어떤 관계일까요? 조금은 특별한 관계처럼 보이는데, 유리수와 세 소수는 어떤 관계인지 한번 살펴봅시다.

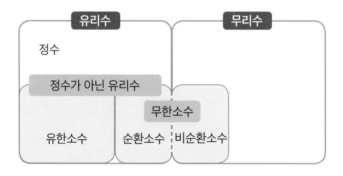

소수는 크게 두 가지로 유한소수와 무한소수로 나눌 수 있습니다. 무한소수는 다시 순환소수와 비순환소수로 나누어집니다. 유한소수와 무한소수 중 순환소수는 분수로 나타낼 수 있으므로 유리수라고 할 수 있습니다. 순환소수는 소수점 아래 끝이 없어 보이지만 결국 분수로 나타낼 수 있기 때문에 유리수가 됩니다. 무한소수 중 순환하지 않는 비순환소수는 무리수입니다.

유리수와 세 소수 관계를 생각하면서 다음 명제들의 참, 거짓을 생각해 봅시다.

---

1. 순환소수는 모두 유리수이다. (○)

   → 순환소수는 모두 분수로 나타낼 수 있으므로 유리수입니다.

2. 유리수는 항상 유한소수로 나타낼 수 있다. (×)

   → 유리수는 유한소수와 순환소수로 나타낼 수 있습니다.

3. 무한소수 중에는 유리수가 아닌 수도 있다. (○)

   → 무한소수 중에서 순환소수는 유리수이지만 순환소수가 아닌 비순환소수는 무리수입니다.

자연수를 처음으로 공부하고 점차 수의 범위를 넓혀서 정수, 유리수, 무리수까지 공부했어요. 그러나 여기가 끝은 아니랍니다. 나중에 수의 범위에 대해서는 조금 더 공부하게 될 텐데 그때 이번 시간에 공부한 내용을 잘 기억해 둔다면 큰 도움이 될 거예요. 다음 시간에는 유한소수와 순환소수에 대해 조금 더 자세히 공부해 보기로 해요.

수업 정리

① 소수의 종류

• 유한소수 소수점 아래 0이 아닌 숫자가 유한개인 소수.

예) 0.12, 0.345, 0.6789

• 무한소수 소수점 아래 0이 아닌 숫자가 무수히 많은 소수.

예) 0.12345……, 3.141592……

• 순환소수 무한소수 중 소수점 아래 일정한 숫자의 배열이 한
없이 되풀이되는 소수.

예) 0.222……=$0.\dot{2}$, 0.9191……=$0.\dot{9}\dot{1}$

순환마디

❷ 소수 관계

- 유한소수와 무한소수 중 순환소수는 분수로 나타낼 수 있으므로 유리수입니다.
- 무한소수 중 순환하지 않는 비순환소수는 분수로 나타낼 수 없으므로 무리수입니다.

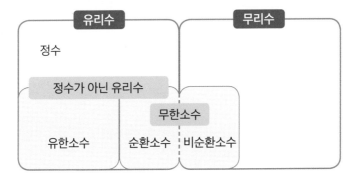

분수에서
소수로

유한소수로 나타낼 수 있는 분수와
유한소수로 나타낼 수 없는 분수에 대해 공부합니다.

유한소수로 나타낼 수 있는 분수와 유한소수로 나타낼 수 없는 분수에 대해 공부해 봅시다.

1. 기약분수 만들기

(1) 분모와 분자를 그들의 공약수로 나누는 것을 '약분한다'고 합니다.

$$\frac{18}{72} = \frac{18 \div 2}{72 \div 2} = \frac{9}{36}$$

(2) 분모와 분자의 공약수가 1뿐인 분수를 '기약분수'라고 합니다.

$$\frac{1}{4}, \frac{5}{11}, \frac{7}{13}, \cdots\cdots$$

(3) 분수의 분모와 분자를 그들의 '최대공약수로 나누면' 기약분수가 됩니다.

$$\frac{18}{72} = \frac{18 \div 18}{72 \div 18} = \frac{1}{4}$$

2. 소인수분해하기

(1) **소수** 素數 1보다 큰 자연수 중에서 1과 자신만을 약수로 가지는 수.

즉, 약수가 2개뿐인 자연수.

합성수 약수를 3개 이상 가지는 자연수.

예) 소수 {2, 3, 5, 7, ⋯⋯}, 합성수 {4, 6, 8, 9, ⋯⋯}

(2) **인수** 세 자연수 a, b, c에 대하여 $a = b \times c$일 때, b, c는 a의 인수.

소인수 인수 중에서 소수인 인수.

(3) **소인수분해** 주어진 자연수를 소인수들만의 곱으로 나타내는 것.

$$
\begin{array}{r}
2\,)\,\underline{12} \\
2\,)\,\underline{6} \\
3
\end{array}
\Rightarrow 12 = 2 \times 2 \times 3 = 2^2 \times 3
$$

스테빈의
아홉 번째 수업

유한소수로 나타낼 수 있는 분수는?

지난 시간에는 소수의 종류에 대해 공부했습니다. 그때 기억을 더듬어 볼 때 소수 중에서 소수점 아래 0이 아닌 숫자가 유한개인 소수는 어떤 소수라고 했나요? 바로 유한소수입니다. 그런데 여기에는 유한소수로 나타낼 수 있는 분수와 유한소수로 나타낼 수 없는 분수가 있다고 합니다. 이번 시간에는 지난번에 공부했던 분수를 소수로 바꾸는 방법에 대해 조금 더 자세히 공부하면서 유한소수로 나타낼 수 있는 분수와 유한소수로 나타낼 수 없는 분수에 대해 함께 공부해 보려고 합니다.

다음의 분수들을 소수로 한번 고쳐 볼까요? 앞에서는 분모를 10의 거듭제곱으로 나타내고 소수점을 찍어 분수를 소수로 나타내는 방법을 공부했어요. 그러나 분모를 10의 거듭제곱으로 나타내기 어려운 경우도 많답니다. 그래서 분수를 소수로 나타내는 또 다른 방법으로 분자를 분모로 나누어 주면 소수로 쉽게 고칠 수 있답니다. 혹시 나눗셈이 복잡하더라도 걱정할 필요 없어요. 계산기로 쉽고 편리하게 잘 계산할 수 있답니다. 이번 시간에는 계산기가 훌륭한 수학 도우미가 되어 줄 거예요.

$$\frac{7}{10}=0.7, \ \frac{4}{9}=0.4444\cdots\cdots, \ \frac{1}{6}=0.16666\cdots\cdots$$
$$\frac{3}{25}=0.12, \ \frac{5}{16}=0.3125, \ \frac{3}{22}=0.13636\cdots\cdots$$

분수를 소수로 고치고 나니까 크게 두 가지로 분류해 볼 수 있을 것 같습니다. 소수점 아래의 소수 자릿수가, 끝이 있는 유한소수와 끝없이 계속 이어지는 무한소수로 분류할 수 있습니다.

유한소수	무한소수
$\dfrac{7}{10}=0.7$	$\dfrac{4}{9}=0.4444\cdots\cdots$
$\dfrac{3}{25}=0.12$	$\dfrac{1}{6}=0.1666\cdots\cdots$
$\dfrac{5}{16}=0.3125$	$\dfrac{3}{22}=0.13636\cdots\cdots$

유한소수와 무한소수를 잘 살펴봅시다. 유한소수와 무한소수의 가장 큰 차이점은, 유한소수는 분자가 분모로 나누어떨어지지만 무한소수는 나누어떨어지지 않는다는 것입니다.

그렇다면 이러한 유한소수로 나타낼 수 있는 분수에는 어떤 특징이 있을까요? 다시 말해 어떤 분수를 유한소수로 나타낼 수 있을까요?

다음의 유한소수를 기약분수로 나타내어 보고, 분모를 소인수분해하여 봅시다.

유한소수	기약분수로 나타내기	분모의 소인수분해	분모의 소인수
0.7	$\dfrac{7}{10}$	$10 = 2 \times 5$	2, 5
0.12	$\dfrac{12}{100} = \dfrac{3}{25}$	$25 = 5^2$	5
0.3125	$\dfrac{3125}{10000} = \dfrac{5}{16}$	$16 = 2^4$	2

소인수분해하여 분모의 소인수를 살펴보았더니 특별한 사실을 한 가지 발견할 수 있습니다. 바로 유한소수를 기약분수로 나타내어 분모를 소인수분해하면 분모에 2 또는 5 이외의 소인수는 없다는 것입니다.

그런데 왜 분모의 소인수에 2 또는 5의 소인수만 있어야 유한소수가 될까요? 기약분수로 나타내었을 때 분모에 2 또는 5의 소인수만을 갖는 분수는 분모를 10, 100, 1000, ……과 같이 10의 거듭제곱으로 만들 수가 있습니다. 분수의 분모를 10의 거듭제곱으로 나타낼 수 있다면 분모로 분자를 나누어떨어지게 할 수 있으므로 당연히 유한소수로 나타낼 수 있겠죠.

유한소수로 나타낼 수 없는 분수는?

이번에는 분자가 분모로 나누어떨어지지 않는 경우 그 몫의 특징을 살펴봅시다. 소수점 아래로 끝없이 숫자가 나타나는데 일정한 숫자가 반복되는 것을 발견할 수 있습니다.

그렇다면 유한소수로 나타낼 수 없는 분수는 어떤 분수인지 생각해 봅시다. 다시 말해 어떤 분수를 유한소수로 나타낼 수 없을까요? 기약분수로 나타내었을 때 분모의 소인수에 2나 5가 아닌 다른 소인수가 들어 있다면 그 분모를 10의 거듭제곱으로 나타낼 수 없으므로 유한소수로 나타낼 수 없습니다. 따라서 무한소수가 됩니다. 그리고 무한소수 중 특별히 순환소수가 됨을 알 수 있습니다.

기약분수(=순환소수)	분모의 소인수분해	분모의 소인수
$\dfrac{4}{9}(=0.4444\cdots\cdots)$	$9=3^2$	3
$\dfrac{1}{6}(=0.166666\cdots\cdots)$	$6=2\times3$	2, 3
$\dfrac{3}{22}(=0.13636\cdots\cdots)$	$22=2\times11$	2, 11

$\dfrac{4}{9}$의 경우를 살펴봅시다. $\dfrac{4}{9}$를 소수로 나타내기 위해 분자 4를 분모 9로 나누어 보면 $\dfrac{4}{9}=0.4444\cdots\cdots$가 되어 4가 무한히 되풀이되는 무한소수 중 순환소수가 됨을 알 수 있습니다. 이때 분모 9를 소인수분해하여 살펴볼까요?

$9=3^2$이 되어 소인수에 2, 5가 아닌 3이 있습니다. 따라서 유한소수로 나타낼 수 없고 무한소수 중에서도 순환소수가 되었습니다.

다음 유리수 중 유한소수로 나타낼 수 있는 것을 찾아봅시다.

$$① \frac{2}{2^2\times5}, ② \frac{15}{2^2\times7}, ③ \frac{9}{2\times7}, ④ \frac{4}{2^3\times3}$$

② $\dfrac{15}{2^2 \times 7}$, ③ $\dfrac{9}{2 \times 7}$, ④ $\dfrac{4}{2^3 \times 3}$은 분모의 소인수에 2와 5 이

외의 다른 소인수가 들어 있습니다. 따라서 무한소수가 되고

특별히 순환소수가 될 것입니다. 유한소수는 분모의 소인수에

2, 5만을 가지는 ① $\dfrac{2}{2^2 \times 5}$입니다.

분수를 소수로 고칠 때, 나타날 수 있는 경우를 정리해 보면 첫째, 모든 분수는 소수로 나타낼 수 있습니다. 둘째, 분수를 소수로 나타내면 유한소수 또는 무한소수로 나타납니다. 셋째, 무한소수로 나타날 때는 반드시 같은 숫자가 반복되어 나타나는 순환소수가 됩니다. 잘 기억해 두세요. 그런데 순환소수에는 신비한 비밀이 하나 숨어 있다고 해요. 다음 시간에는 순환소수의 그 비밀을 밝혀 볼게요.

❶ 유한소수로 나타낼 수 있는 분수

- 기약분수로 나타내어 분모를 소인수분해하면 분모에 2 또는 5의 소인수만 있습니다.

- 분모의 소인수에 2 또는 5 이외의 소인수가 있다면 유한소수가 될 수 없고 무한소수 중 순환소수가 됩니다.

❷ 분수를 소수로 고치면

- 모든 분수는 소수로 나타낼 수 있습니다.

- 분수를 소수로 나타내면 유한소수 또는 무한소수로 나타납니다.

- 무한소수로 나타날 때는 반드시 같은 숫자가 반복되어 나타나는 순환소수가 됩니다.

끝이 없으면서
끝이 있는 순환소수

순환소수를 분수로 나타내 보고, 순환소수의
크기 비교 방법을 공부합니다.

순환소수를 분수로 나타내 보고 순환소수의 크기를 비교하는 방법을 공부해 봅시다.

미리 알면 좋아요

1. 소수의 크기 비교하기

자연수의 크기 비교하기와 같은 방법으로 앞에서부터 차례로 비교합니다.

$5 < 6 \rightarrow 5.453 < 6.049$

$8 > 7 \rightarrow 0.892 > 0.792$

$1 < 2 \rightarrow 6.171 < 6.172$

2. 일차방정식의 해 구하기

(1) **일차방정식** 우변의 항을 모두 좌변으로 이항하여 정리했을 때, (일차식)$=0$의 꼴로 나타낼 수 있는 좌변이 일차식이 되는 방정식.

※ 문자 x를 포함한 일차방정식을 'x에 대한 일차방정식'이라고 합니다.

(2) **일차방정식 풀기**

① 미지항에 대한 계수를 정수로 고치고 괄호가 있으면 괄호를 풀어 줍니다.

② 이항하여 미지항은 좌변으로, 상수항은 우변으로 옮깁니다.

③ 양변을 정리하여 $ax=b$(단, $a \neq 0$)의 꼴로 만듭니다.

④ 양변을 x의 계수 a로 나눕니다.

$4x-4=2x-16 \rightarrow 4x-2x=-16+4 \rightarrow 2x=-12 \rightarrow x=-6$

스테빈의
열 번째 수업

순환소수를 분수로 나타낼 수 있을까?

여러분! 내가 재미있는 문제 하나 내 볼게요. 끝이 없으면서 끝이 있는 것은 무엇일까요? 너무 쉽나요? 그것은 바로 순환소수랍니다. 이번 시간에는 이 순환소수에 대해 더 자세히 공부해 보려고 해요. 혹시 지난번에 공부했던 내용 중에 순환소수는 수의 범위에서 어디에 속하는지 기억하나요? 순환소수는 끝이 없는 무한소수이지만 분수로 나타낼 수 있어서 유한소수와 함께 유리수에 속한다고 했었죠. 그런데 여기서 궁금점이 생깁니다. 끝이 없는 순환소수를 과연 어떻게 분수로 나타낼 수 있을까요? 지금부터 그 궁금증을 함께 해결해 볼까요?

분수 $\frac{4}{9}$ 를 소수로 나타내어 보았더니, 0.4444······로 소수점 아래의 숫자가 끝없이 반복되는 무한소수가 되었답니다. 무한소수 중에서도 0.4444······와 같이 소수점 아래의 어떤 자리부터 몇 개의 숫자들이 계속 반복되는 무한소수를 순환소수라고 한다는 것을 이미 공부했어요. 그리고 이때, 되풀이되어 나타나는 처음 한 부분을 순환마디라고 합니다. 이렇듯 분수는 순환소수로 잘 나타낼 수 있었습니다. 그렇다면 반대로 순환소수도 분수로 나타낼 수 있겠죠? 과연 어떻게 순환소수를 분수로 나타낼 수 있을까요? 그 방법을 알아보도록 하겠습니다.

순환소수 0.555······를 분수로 나타내 봅시다. $x=0.555······$라고 하면 $10x=5.555······$라고 할 수 있습니다. 잘 살펴보면 둘의 소수 부분이 같은 것을 알 수 있습니다. 따라서 소수 부분끼리 뺄셈하면 소수점 아랫부분을 제거할 수 있습니다. 그리고 주어진 x에 관한 일차방정식을 계산하면 쉽게 x를 구할 수 있습니다. 계산해 보았더니 $x=\frac{5}{9}$가 되었습니다. 즉, 순환소수

$$0.555\cdots\cdots=\frac{5}{9}$$가 됩니다.

$$10x=5.555\cdots\cdots$$
$$-\quad x=0.555\cdots\cdots$$
$$\overline{\qquad\qquad\qquad}$$
$$9x=5$$
$$x=\frac{5}{9}$$

또 다른 순환소수를 분수로 나타내어 볼까요? 이번에는 $0.2\dot{9}$를 분수로 나타내어 봅시다. $0.2\dot{9}$를 x라고 하면 다음과 같은 식을 쓸 수 있습니다. 주어진 x에 관한 일차방정식을 계산하면 쉽게 x를 구할 수 있습니다. 계산해 보았더니 $x=\frac{3}{10}$이 되었습니다. 따라서 주어진 순환소수를 분수로 바꾸면 $0.2999\cdots\cdots=\frac{3}{10}$이 됩니다.

$$x=0.2999\cdots\cdots \quad\cdots\cdots\cdots\cdots ①$$
$$10x=2.999\cdots\cdots \quad\cdots\cdots\cdots\cdots ② \qquad ①의 양변에 10을 곱한다.$$
$$100x=29.999\cdots\cdots \quad\cdots\cdots\cdots\cdots ③ \qquad ①의 양변에 100을 곱한다.$$

$$100x=29.999\cdots\cdots$$
$$-\quad 10x=\;2.999\cdots\cdots$$
$$\overline{\qquad\qquad\qquad\qquad}$$
$$③-②:90x=27$$
$$x=\frac{27}{90}=\frac{3}{10}$$

순환소수를 분수로 나타낼 때는 양변에 10의 배수를 적절히 곱하여 순환소수의 소수부분에 순환마디만 남게 하여 같게 한 후 뺄셈을 합니다. 이렇게 소수점 아랫부분을 제거하여 일차방정식으로 만들고서, 일차방정식을 계산하여 분수로 나타낼 수 있습니다.

그런데 이러한 방법으로 여러 순환소수를 분수로 나타내어 보니까 공식을 발견할 수 있었습니다.

지금부터 그 공식을 여러분에게만 살짝 공개할게요. 공식을 사용하면 더 쉽게 순환소수를 분수로 나타낼 수 있답니다.

순환소수를 분수로 나타내는 공식

❶ 소수 첫째 자리부터 순환마디가 시작되는 순환소수

소수점 아래 소수 첫째 자리부터 순환마디가 시작된다면 분모에 순환마디의 개수만큼 9를 쓰고 분자에는 순환마디를 적어 주면 됩니다.

$$0.\dot{2}\dot{5} = \frac{25}{99}$$

◀— 순환마디
◀— 순환마디의 개수만큼 9를 쓴다.

❷ 소수 첫째 자리부터 순환마디가 시작되지 않는 순환소수

소수점 아래 소수 둘째 자리부터 순환마디가 시작된다면 분모에 순환마디의 개수만큼 9를, 비순환마디의 개수만큼 0을 쓰고 분자에는 소수점 아래 수를 적고 비순환마디를 빼 주면 됩니다.

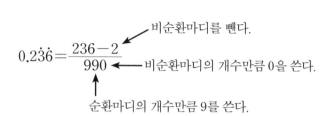

$$0.2\dot{3}\dot{6} = \frac{236 - 2}{990}$$

비순환마디를 뺀다.

비순환마디의 개수만큼 0을 쓴다.

순환마디의 개수만큼 9를 쓴다.

　방정식으로 계산하여 순환소수를 분수로 고쳐 보면 그 결과와
순환소수에서 분수로 바로 고치는 공식을 사용한 결과가 같음
을 알 수 있습니다. 이와 같은 공식을 사용하면 여러 순환소수를
쉽고 간편하게 분수로 고칠 수 있답니다. 물론 공식을 외워 두면
좋지만 혹시 외우지 못하더라도 걱정할 필요는 없어요. 순환소
수를 분수로 고치는 원리만 잘 기억해 둔다면 문제는 없답니다.

신비로운 순환소수의 비밀

　세상에는 얼마나 많은 수가 존재할까요? 세상에는 무수히 많
은 수가 있습니다. 무한소수의 소수점 아랫자리처럼 셀 수 없
이 많은 수가 존재합니다. 이러한 수 중에서 정말 신비로운 수
가 있다고 하는데 한번 만나 볼까요?

　분수 $\frac{1}{7}$ 을 소수로 한번 나타내어 봅시다. 분자 1을 분모 7로

나눗셈하면 그 몫을 구할 수 있습니다. 그런데 그 몫의 숫자가 끝없이 반복되어 나타나므로 $\frac{1}{7}=0.\dot{1}4285\dot{7}$의 순환소수로 나타낼 수 있습니다.

$$
\begin{array}{r}
0.\dot{1}4285\dot{7} \\
7\,\overline{)\,1} \\
10 \\
\underline{7} \\
30 \\
\underline{28} \\
20 \\
\underline{14} \\
60 \\
\underline{56} \\
40 \\
\underline{35} \\
50 \\
\underline{49} \\
1
\end{array}
$$

이때, 이와 같은 방법으로 $\frac{1}{7}$에서 $\frac{6}{7}$까지 분자를 분모로 나누어 소수로 나타내어 봅시다. 모두 순환소수로 나타낼 수 있습니다. 그리고 놀라운 사실을 한 가지 발견할 수 있습니다. $\frac{1}{7}$에서 $\frac{6}{7}$까지의 분수를 순환소수로 고쳤을 때 순환마디에 있는 숫자들의 조합은 142857로 모두 같고 그 배열순서만 다르다는 것을 발견할 수 있습니다.

$\frac{1}{7} = 0.\dot{1}4285\dot{7}$	$\frac{4}{7} = 0.\dot{5}7142\dot{8}$
$\frac{2}{7} = 0.\dot{2}8571\dot{4}$	$\frac{5}{7} = 0.\dot{7}1428\dot{5}$
$\frac{3}{7} = 0.\dot{4}2857\dot{1}$	$\frac{6}{7} = 0.\dot{8}5714\dot{2}$

그 이유는 무엇일까요? 1대신 10의 배수를 7로 나누어 보면서 그 이유를 생각해 봅시다. 10에서 60까지를 7로 나누어 보면 다음과 같이 몫과 나머지가 생기게 됩니다.

$10 \div 7 = 1 \cdots 3$

$30 \div 7 = 4 \cdots 2$

$20 \div 7 = 2 \cdots 6$

$60 \div 7 = 8 \cdots 4$

$40 \div 7 = 5 \cdots 5$

$50 \div 7 = 7 \cdots 1$

이때, 그 몫을 살펴보면 142857을 발견할 수 있습니다. 그런데 $\frac{1}{7}$은 분모의 소인수가 2나 5로만 이루어져 있지 않으므로 유한소수로 나타낼 수 없습니다. 따라서 나눗셈 과정에서 나머지가 계속 남을 것입니다. 이때, 나눗셈 과정에서 소수점 아래각 자리에서의 나머지가 나누는 수 7보다 작은 1, 2, 3, 4, 5, 6중의 하나라는 것을 알 수 있습니다. 따라서 적어도 7번째 안으로 나머지가 같은 경우가 나타나게 됩니다. 같은 수가 나오면그때부터 나눗셈의 몫이 일정한 숫자의 배열이 되풀이되어 나타나는 순환소수가 될 것입니다. 나눗셈을 계속할수록 이것이무한 반복되겠죠.

142857이 세상에서 가장 신비한 수라고 하는데 과연 어떤 신비로운 비밀이 숨어 있는지 지금부터 그 비밀을 함께 찾아볼까요? 이번에는 142857에 1부터 6까지 차례로 한번 곱해 봅시다.

$142857 \times 1 = 142857$

$142857 \times 2 = 285714$

$142857 \times 3 = 428571$

$142857 \times 4 = 571428$

$142857 \times 5 = 714285$

$142857 \times 6 = 857142$

이렇게 똑같은 숫자가 자릿수만 바꿔서 나타나니 정말 신기하지 않나요? 이번에는 덧셈을 한번 해 보겠습니다.

$142 + 857 = 999$

$14 + 28 + 57 = 99$

$142857^2 = 20408122449$ ➡ $20408 + 122449 = 142857$

숫자를 3개씩, 2개씩 끊어서 각각 더해 보았더니 999, 99가 되었어요. 그리고 제곱수를 앞에서 5번째 숫자로 끊어서 더해 보았더니 자기 자신 142857이 되었습니다. 이것이 바로 가장 신비한 수 142857의 비밀이랍니다.

순환소수의 크기를 비교할 수 있을까?

$0.3\dot{4}$와 $0.3\dot{5}$ 중 누가 더 큰 순환소수일까요? 언뜻 봐서는 모

르겠죠. $0.\dot{3}\dot{4}$와 $0.\dot{3}\dot{5}$의 대소 관계를 비교해 봅시다.

보통 소수의 크기를 비교할 때는 먼저 정수 부분의 크기를 비교하고 다음으로 소수점 아래 소수 첫째 자리부터 비교해 나갑니다. 순환소수도 같은 방법으로 비교할 수 있습니다.

$0.\dot{3}\dot{4}$와 $0.\dot{3}\dot{5}$의 경우 소수 첫째 자리의 숫자는 모두 3이지만 소수 둘째 자리의 숫자가 $0.\dot{3}\dot{4}$는 4, $0.\dot{3}\dot{5}$는 5이므로 $0.\dot{3}\dot{4}<0.\dot{3}\dot{5}$입니다.

다른 방법으로 순환소수를 분수로 나타내어 크기를 비교할 수도 있습니다.

$0.\dot{3}\dot{4}=\dfrac{34}{99}$, $0.\dot{3}\dot{5}=\dfrac{35}{99}$로 $\dfrac{35}{99}$의 분자가 더 크므로 $0.\dot{3}\dot{4}<0.\dot{3}\dot{5}$입니다.

조금 더 복잡한 순환소수의 크기도 비교해 봅시다.

$0.\dot{6}\dot{4}=0.646464\cdots\cdots$

$0.\dot{6}4\dot{5}=0.645645\cdots\cdots$

소수 첫째와 둘째 자리까지의 숫자는 일치하지만 소수 셋째 자리의 숫자가 $0.\dot{6}\dot{4}$는 6, $0.\dot{6}4\dot{5}$는 5이므로 $0.\dot{6}4\dot{5}<0.\dot{6}\dot{4}$입니다.

이렇게 순환소수는 끝이 없는 무한소수이지만 분수로 나타낼 수 있고, 그 크기도 비교할 수 있답니다.

　　그런데 한 가지 이상하면서도 특별한 순환소수의 크기 비교
하기가 있습니다.

　　1＝0.9999…… 이라고 하는데, 정말 그럴까요?

　　먼저 $\frac{1}{3}$의 경우를 생각해 봅시다. $\frac{1}{3}$＝0.3333……입니다. 양
변에 3을 곱해 볼까요? $\frac{1}{3} \times 3 = 1$, $0.3333…… \times 3 = 0.9999……$

입니다. 계산 결과는 $1=0.9999\cdots\cdots$ 이 됩니다. 정말 이상하죠? 분명히 $0.9999\cdots\cdots$는 1보다 작을 것 같은데 1과 같다니……. 지금부터 왜 그런지 그 이유를 함께 찾아봅시다.

$0.9999\cdots\cdots=1$인 이유

❶ $0.9999\cdots\cdots$와 1사이의 수를 찾을 수 있을까?

먼저 수의 대소 관계를 이용하여 생각해 봅시다. $0.999\cdots\cdots$ $\neq1$이라고 주장하는 사람들은 $0.999\cdots\cdots<1$이라고 주장할 것입니다. 그런데 두 수 a, b에 대해 $a<b$라는 것은 두 수 a, b 사이에 다른 수가 존재한다는 것입니다. 즉, $a<c<b$인 c를 찾을 수 있다는 것입니다. 그렇다면 $0.999\cdots\cdots$보다 크고 1보다 작은 수 c를 찾을 수 있을까요? 과연 끝자리가 없는 수 $0.999\cdots\cdots$의 끝자리에 9보다 큰 어떤 다른 수를 붙일 수가 있을까요? $0.999\cdots\cdots$는 소수점 아래로 9가 끝없이 이어지는 수이므로 9보다 큰 다른 숫자를 맨 끝자리에 더 붙일 수 없습니다. 즉, $0.999\cdots\cdots$보다 크고 1보다 작은 수를 찾을 수 없으므로 $0.9999\cdots\cdots=1$입니다.

❷ 10을 곱해서 빼 볼까?

다음으로 순환소수를 분수로 고치는 방법을 이용하여 봅시다. $x=0.999\cdots\cdots$라고 두고 양변에 10을 곱하면, $10x=9.999\cdots\cdots$입니다. 두 식의 양변을 각각 빼면, $9x=9$가 되고 방정식을 계산해 보면 $x=1$이 나옵니다. 즉, $0.9999\cdots\cdots=1$임을 알 수 있습니다.

$$10x = 9.999\cdots$$
$$- \quad x = 0.999\cdots$$
$$9x = 9$$
$$x = 1$$

이렇게 소수점 아래 9가 무한히 반복되는 순환소수는 다음과 같이 고칠 수 있답니다.

$$0.099999\cdots = 0.1$$
$$0.009999\cdots = 0.01$$
$$0.000999\cdots = 0.001$$
$$\vdots \qquad = \quad \vdots$$

끝이 없으면서 끝이 있어 신기한, 신비로운 순환소수에 대해 잘 공부해 보았나요? 여러분! 수학은 항상 어렵고 지루한 것만은 아니랍니다. 수학을 공부하다 보면 이처럼 재미있고 신기한 사실들을 발견할 수도 있답니다. 수학에 대한 고정관념을 깨고 수학을 재미있게 잘 즐길 수 있는 여러분이 되었으면 하는 바람입니다.

❶ 순환소수를 분수로 나타내기

① 순환소수의 양변에 10의 거듭제곱을 곱하여 소수 부분이 같아지게 한다.

② 두 식을 뺄셈하여 순환하는 부분이 없어지도록 한다.

③ 순환하는 부분이 없어지면 순환소수를 분수로 나타낸다.

$$x = 0.399\cdots\cdots \quad \cdots\cdots\cdots ①$$

$$10x = 3.999\cdots\cdots \quad \cdots\cdots\cdots ② \qquad ①의 양변에 10을 곱한다.$$

$$100x = 39.999\cdots\cdots \quad \cdots\cdots\cdots ③ \qquad ①의 양변에 100을 곱한다.$$

$$
\begin{aligned}
100x &= 39.999\cdots\cdots \\
- \quad 10x &= 3.999\cdots\cdots
\end{aligned}
$$

$$③ - ② : 90x = 36$$

$$x = \frac{36}{90} = \frac{2}{5}$$

$$x = 0.2999\cdots\cdots \quad \cdots\cdots\cdots ①$$

$$10x = 2.999\cdots\cdots \quad \cdots\cdots\cdots ② \qquad ①의 양변에 10을 곱한다.$$

$$100x = 29.999\cdots\cdots \quad \cdots\cdots\cdots ③ \qquad ①의 양변에 100을 곱한다.$$

$$100x = 29.999\cdots\cdots$$
$$- \quad 10x = \ 2.999\cdots\cdots$$
③ ─ ② : $90x = 27$
$$x = \frac{27}{90} = \frac{3}{10}$$

❷ 순환소수를 분수로 나타내는 공식

$$0.3\dot{9} = \frac{39 - 3}{90} = \frac{36}{90} = \frac{2}{5}$$

분자 ·····▶ (수 전체) ─ (순환하지 않는 부분의 수)

분모 ·····▶ 순환마디의 숫자의 개수만큼 9를 쓰고 그 뒤에 소수
점 아래 순환하지 않는 숫자의 개수만큼 0을 쓴다.

❸ 신비한 수 142857의 비밀

비밀 하나. 나눗셈

$\dfrac{1}{7} = 0.\dot{1}4285\dot{7}$	$\dfrac{4}{7} = 0.\dot{5}7142\dot{8}$
$\dfrac{2}{7} = 0.\dot{2}8571\dot{4}$	$\dfrac{5}{7} = 0.\dot{7}1428\dot{5}$
$\dfrac{3}{7} = 0.\dot{4}2857\dot{1}$	$\dfrac{6}{7} = 0.\dot{8}5714\dot{2}$

$\frac{1}{7}$에서 $\frac{6}{7}$까지의 분수를 순환소수로 고쳤을 때 순환마디에 있는 숫자들의 조합은 142857로 모두 같고 그 배열순서만 다르다.

비밀 둘. 곱셈

$142857 \times 1 = 142857$ $142857 \times 4 = 571428$

$142857 \times 2 = 285714$ $142857 \times 5 = 714285$

$142857 \times 3 = 428571$ $142857 \times 6 = 857142$

비밀 셋. 덧셈

$142 + 857 = 999$

$14 + 28 + 57 = 99$

$142857^2 = 20408122449$ ➡ $20408 + 122449 = 142857$

NEW 수학자가 들려주는 수학 이야기 06

스테빈이 들려주는 유리수 이야기

ⓒ 김잔디·최미라, 2010

2판 1쇄 인쇄일 | 2025년 3월 4일
2판 1쇄 발행일 | 2025년 3월 18일

지은이 | 김잔디·최미라
펴낸이 | 정은영
펴낸곳 | (주)자음과모음

출판등록 | 2001년 11월 28일 제2001-000259호
주소 | 10881 경기도 파주시 회동길 325-20
전화 | 편집부 (02)324-2347, 경영지원부 (02)325-6047
팩스 | 편집부 (02)324-2348, 경영지원부 (02)2648-1311
e-mail | jamoteen@jamobook.com

ISBN 978-89-544-5202-1 44410
       978-89-544-5196-3 (세트)